前瞻 Frontier

標竿學習

——向企業典範取經

● 作者

班特·卡略夫 (Bengt Karlöf) 是一家位於瑞典的國際性策略諮詢機構——「卡略夫顧問公司」(Karlöf Consulting) 的創辦人與資深合夥人。由於他在企業策略管理的領域頗負盛名，過去二十多年裡，已為多家大型私人企業及政府機構擔任顧問，並同時在許多學術機構與管理研討會上講授各種有關企業策略的課程。他著有許多有關這類主題的著作，大部分已翻譯成多國語言。

克特·倫德格蘭 (Kurt Lundgren)現職為斯德哥爾摩皇家科技技術學院 (The Royal Institute of Technology) 的兼任教授，以及瑞典國家職業生涯學會 (Swedish National Institute for Work Life) 的研究員。他目前正在斯德哥爾摩郊區著名的希斯塔科學園區 (Kista area)——俗稱無線通訊谷 (Wireless Valley) 進行一項研究與發展專案。

瑪麗·伊登菲爾特·佛羅曼特 (Marie Edenfeldt Froment) 目前是卡略夫顧問公司的總裁與合夥人。瑪麗具有人力資源發展的學歷背景，擔任許多私人企業與政府機構的顧問，並負責包括本書所提及的許多個案研究。

● 譯者

胡瑋珊，國立中興大學經濟系畢業，曾任英商路透社編譯、記者，現任專業譯者，譯作《知識管理》曾獲頒九十年度經濟部「金書獎」。

BENCHLEARNING

Original Swedish version published under the title of *Benchlearning - Förebilder som hävstång för utveckling* (Ekerlids Förlag, Stockholm 2000).
The author and publisher wish to thank Ekerlids Förlag for their kind permission to use figures that were first published in the Swedish edition of this book.
English translation by AGTRAN, Viken, Sweden 2000.

1990 年代中期，班特・卡略夫(Bengt Karlöf)負責的一個標竿管理專案計劃出現了令人意想不到的轉折。在協助過這家客户分析自己的作業流程、並且拜訪過仿效的對象和檢討過因果關係之後，他們還有不少的時間和經費可以讓更多的員工和工會代表參與。這項專案的參與成員包括某電信業者、一家大型陶瓷零件供應商和專營電氣設備的貿易商，參加的成員都一致認為獲益匪淺，這項調查的結論讓他們對自己的營運，以及在高度競爭的環境當中脫穎而出的所需條件有了更深一層的認識。這使得他們有機會對一些固守的教條重新進行檢討，從而解開阻礙公司進步的桎梏。

班特與克特・倫德格蘭(Kurt Lundgren)於 1996 年在斯德哥爾摩首度碰面。克特那時候剛剛發表他的新書《終身學習》(*Life-long Learning*)。班特在標竿管理方面擁有豐富的經驗，克特則專精於學習的經濟效益，兩人在那次會晤的談話中激發出智慧的火花。他們又多次會晤、討論，爾後並且為瑞典職業生涯研究委員會(Swedish Council for Work Life)進行標竿學習的測試專案計劃。

瑪麗・伊登菲爾特・佛羅曼特(Marie Edenfeldt Froment)和班特於 1997 年第一次會晤，那時候瑪麗為某家專門組織會議的公司工作，因緣際會的在班特針對標竿學習主題發表演講之前對他進行訪問。那時候班特剛開張的「卡略夫顧問公司」還沒有人負責標竿學習，而他對瑪麗也相當欣賞，因此延攬她負責公司的標竿學習計劃，後來甚至於邀請她擔任公司的合夥人。那時候在歐盟的贊助之下，剛好有個試驗性質的標竿學習專案推出，其中包括英國、丹麥、芬蘭、法國和瑞典這五個國家。最近有份評估報告顯示，如果五大評估要素分別以一到五分來衡量，該項專案的教育創新效果高達二十五分。受到這份調查結果的鼓勵，我們開始在瑞典以及其他國家提倡標竿學習的應用。

班特初期曾經和瑞典職業生涯研究委員會接觸過，那時候他就深信標竿學習具有諸多優點。不過由於該委員會成員的態度存疑，而且把標竿學習和標竿管理混淆不清，因此花了整整兩年的時間才獲得該委員會的資助與支持。

我們為什麼要寫這本書?

不管在哪裡，只要我們解說過標竿學習的好處，示範或是介紹這個議題，各界對於標竿學習的原則無不大感讚嘆。很明顯的，標竿學習能夠達到大家都希望達到（但是沒有人能夠做到）的境界：學習型態的企業。除了學習和效率之外，標竿學習也能夠影響人們的態度，讓他們更能夠虛心求教並時時問自己：「這樣的問題以前有誰成功的解決過？誰做得比我們好?」

人類似乎天生而來的狂妄往往阻礙了學習的意願，「我們是最大、最好、而且是最完美的。」這樣的心態在某些領域相當常見。儘管如此，還是有一股平行的力量，這些人總是抱著謙虛的態度，了解人外有人、天外有天的道理，而且也知道一定有其他人可以把事情做得更好、或是已經有成功解決過類似問題的經驗。

現在讓我們說明促使我們著手寫這本書的動機。自從班特・卡略夫和史文特・厄斯特布盧(Svante Östblom)於 1993 年合作撰寫《標竿管理——生產力與品質邁向顛峰的指標》(*Benchmarking — A Signpost to Championship in Productivity and Quality*)之後，各界對於該書最後一章有關於標竿學習的議題感到非常有興趣。國外出版商開始和他們接觸，詢問是否有針對標竿學習這個議題的新書發表——這大多是因為標竿管理在1990年代初期多少已經成為一種「商品」。以業務為導向以及主要從事人力資源的人士開始注意到「標竿學習」這個嶄新理念的崛起。他們很快就了解到標竿學習具有極大的潛力，不但能夠協助企業成功的達到短期、長期目標，而且有助於個人的發展和學習。

本書之所以會延了一段時間才問世，主要的原因之一在於「標竿學習」跨學科的程度非常高，光是具備深厚的商業知識或是專精教育、心理學領域的知識還是不夠的，商業、教育、心理學這三大領域必須彼此互動才行。我們後來發現成人教育這方面的知識實在缺乏，雖然說了一堆有關於能力發展的好處，但是談到成人在職學習條件的影響要素，卻很難找到有組織的相關知識來源。瑪麗和班特的一番晤談可說是這本書的一大轉機，他們兩人分別具備豐富的經驗和知識，這樣的結合讓本書才得以成功問世。

瑞典職業生涯研究委員會的支持也是本書得以順利問世的一大助力。該委員會支持標竿學習專案這種創新計劃的進行，而這樣的支持也創造了足夠的誘因、動力，讓我們能夠針對這個主題努力不懈的完成這本書。

寫書是一門藝術，作者必須先把他要討論的主題思考透徹之後加以組織，甚至於要經歷一連串密集的學習過程。我們希望本書能夠為各位打開新的視野，讓新的知識豐富你們的職場生涯，不僅是企業的高層主管和專家，甚至一般員工也都能夠受惠。

資料的彙整

我們在寫這本書的過程中進行過許多成果豐碩的討論，而且的確達到我們所希望的境界——打破傳統理念的桎梏，並以標竿學習這套方法來兼顧商業及個人的發展。這可以說是一種雙贏的局面：雇主能大幅獲得效率的提升，並改變故步自封的心態，進而引導企業能夠不斷的自我改良；員工則能夠從多變化的工作和學習過程中獲得更大的工作滿足感，對於真正攸關公司發展的重點也能夠獲得全新的看法。

我們盡量把這本書寫得容易閱讀、消化。有些商管書籍寫得像大寶典一樣，人們雖然覺得有必要吸收這些知識，並且花錢買了下來，但後來卻塵封在書架上，根本沒看過一兩次。我們希望本書能夠避免重蹈這樣的覆轍，因此盡量精簡的說明重點。

我們希望達到這樣的目的，而讀者也覺得容易消化這些內容，最重要的是希望本書內容能夠對讀者有所啟發，並且對各位所屬的企業有所助益。

標竿學習——向企業典範取經

序

001 簡　介

005 第一章　管理學的觀察

025 第二章　標竿管理的延伸

041 第三章　知識形成的基礎

073 第四章　企業發展與知識形成的新條件

081 第五章　標竿學習與現代知識理論

095 第六章　標竿學習的實際應用

121 第七章　步驟分析

185 結　語

189 參考書目

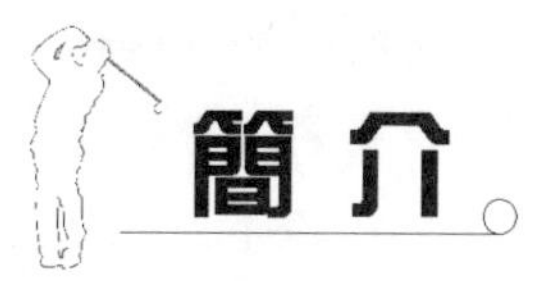

簡介

標竿學習可說是企業發展與組織學習的組合，儘管各界對於這樣的完美組合嚮往已久，但是一直不得其門而入。由於缺乏仿效對象的指引，人們往往必須借重相當大量的理論來協助企業發展和一般性的管理工作，特別是知識形成這個領域。

不管是民間企業還是政府部門、機關，各界越來越了解組織學習及效率提升的重要性。二十世紀工業生產占國民生產總值(GNP)的比例逐漸縮小，現在一些高度工業化的國家，其工業產值占國民生產總值比例甚至於連百分之十八都不到，因此工業生產力再也不是各界亟需提升的目標。由於投資報酬遞減(diminishing returns)，因此產業界對於提升生產力的興趣也跟著明顯下降。

取而代之的是行政工作與知識的生產，這兩者的重要性越來越高，這也是為什麼組織學習是不斷提升效率的穩固基石。這樣的道理當然也適用於工業生產上，不過就和所有的行政或是行銷工作一樣，不論是在政府部門、民間企業或是非營利性的機構都是如此。

此外，最近這幾年，「學習」這個名詞已經成為企業、機構發展的不二法門。智慧資產對於企業成功與否的重要性越來越高，因此各界對於這項資產也愈趨重視，研究界推出的各項研究計劃也很明顯的突顯出這樣的發展趨勢。主要的目的在於了解人類學習的影響要素，以及哪些要素會攸關公司或機構的成功發展。

本書的目的在於闡明管理學理論和發展軌跡，並且說明管理學和各種不同的知識形成理論有些什麼樣的關聯，同時，也利用圖表說明

一些案例的經驗。我們也希望解說為什麼標竿學習這種方法特別適合現代的背景，並且以具體的專有名詞來敘述標竿學習專案進行時會發生的各種情況。我們把本書分成以下三大部分：

1. 企業運作條件的改變和人類要素的重要性愈趨提升（第一章至第二章）。
2. 知識形成的理論和方法，及其和標竿學習與組織學習的關聯（第三章到第五章）。
3. 標竿學習的實際應用。我們會詳述標竿學習過程的方法和步驟，並且引述案例的經驗——其一是易利信集團(Ericsson Group)旗下的公司，另外則是一家北歐政府機構（第六章至第七章）。

我們要強調的是，「變革」並不是萬靈丹，除了變革的能力之外，各位還需要能夠「判斷」什麼時候需要進行改革，和哪些事情「不應該」加以改變。最近幾十年來管理學界一直把「變革」奉為至高無上的真理，但是其實不然。不斷的改變會造成斷層，員工需要接受新的學習，不但可能使得規模效率歸零，而且員工的腦袋也會吃不消。

因此「不應該」改變的地方也應該加以考量，標竿學習正能夠配合這樣的學習方法。把自己的表現和一些對等的仿效對象兩相比較，可以讓你了解需要學習和改變的程度在哪裡。也有人會說標竿學習能夠讓你們看清學習和改變的需求。因此，不斷改善和不斷改革不見得是同樣的事情：這只是讓你更了解什麼需要改變、何時需要改變，和哪些事情不需要改變。

我們在書中不斷指出，標竿學習有幾種不同的功能。首先，很顯然的，標竿學習的目的在於協助企業單位為這樣的問題找到解答：「你怎麼知道自己的作業有效率？」不管是什麼領域的主管，都會越來越常面臨到這樣的問題。規劃式經濟主宰企業內部大部分作業的事實，更加突顯出效率（價值和生產力之間的關係）衡量的必要性，業者必須和其他的企業進行比較，才能夠看清楚自己的營運狀況。部門所生產的勞務和商品若提供給別的部門或該企業使用，這樣其使用者並沒有向外選擇的機會，這也就是我們所說的規劃式經濟。這個部分會在第一章和第二章有很詳細的論述。

當然，標竿學習還有一個很重要的功能，就是從「良好典範」的經驗取得借鏡。「扭轉舉證責任」(reversed burden of proof)的邏輯對於有心要改革的人而言，更是吸引力無法擋的上好工具，只要你能夠舉證某人的確能夠把同樣的事情做得更好就可以了。標竿管理這項元素的效力在許多的標竿學習專案中一再獲得證實，這些專案的業主並不滿足於僅僅和仿效對象進行關鍵指標的比較而已，而是更進一步的研究原因和效果之間的關聯。

標竿學習第三大重要的功能在於它能夠改變人們的態度和行為，讓人們願意從他人的經驗中取得借鏡，並且看清楚自己的表現。這樣的用意是為了鼓勵各位讀者和各位所服務的企業，擺脫以往妄尊自大的心態，並且認知到人外有人、天外有天的道理，在某個地方有某些人對於同樣的事情做得比你們好，或者曾經有人處理過同樣的問題，這些都是各位值得效法、學習的對象。我們希望讓各位讀者了解到，學習不但有助於個人的發展，更是攸關企業經營成功與否的重要關鍵。

第一章 管理學的觀察

企業和組織發展在語義上還有很大的改善空間，像是垂直整合(vertical integration)、商業概念(business concept)和進入市場的障礙(barriers to entry)，這些專有名詞在世界各地各有解讀，所造成的影響也各有不同。我們除了亟需釐清這些專有名詞的意義之外，還必須面對知識經濟崛起後不斷出現的新名詞，這更增添了這個課題的複雜程度。

生意(business)和商業(commerce)這兩個名詞的用法通常不盡相同。生意往往是用來形容單筆交易，也就是說某項產品或是服務單次的買賣交易。從生活層面來看，就好比把房子賣掉，或是買一臺腳踏車或二手車。在這類的交易當中，買方和賣方會見面，價格是買賣雙方進行評估交易的重要指標。在非商業循環週期中，生意或是交易(deal)往往是用來指這些單筆的買賣行為，不過這其實只是整個商業活動裡非常小的一部分而已。

至於商業營運(commercial operation)則通常是指涉及連串購買和販售行為的商業關係，買方可以從眾多的賣方中挑出最適合的合作對象，因此供應商彼此必須激烈競爭以獲得買方的青睞。價格當然也還是重要的考量因素，不過除此之外，他們還會考慮到其他的關鍵要素：

譬如說財務狀況的穩定程度、交貨的能力、售後服務，及資訊是否容易取得等等。根據我們和公共事業部門接觸的經驗，他們往往把商業這個詞賦予一種輕蔑的意味，用來形容為求達到目的，不擇手段的交易行為，譬如說犧牲別人、成就自己。

在實際的生活中，商業其實是一種達到雙贏境界的手段：交易雙方對於彼此的商業關係都感到滿意。現在各界對於商業主義(commercialism)的接受度越來越高，就算向來排斥競爭的政府部門也開始有軟化的跡象，既然如此，我們就更應該釐清這個名詞所代表的意義。「商業主義」其實就是讓顧客價值和生產力這兩個層面達到平衡，這是一個放諸四海皆準的定義，而且多少沖淡了這個名詞所隱藏的情緒性意涵。它能夠應用到各式各樣的組織裡，不過根據性質不同而有所保留，譬如執法單位。領導風範和企業管理的領域有個很重要的趨勢，就是在各種局勢中辨識出商業的環節，例如效率兩大層面的關聯性和重要性。政府部門和獨占企業都缺乏競爭這個要素：「標竿學習」(benchlearning)提供各式各樣的良好典範，這股指引的力量能夠填補他們不足的部分，並且讓人們清楚看出現在所處的狀況和能夠達到的境界之間有什麼樣的差距。

企業管理對於會計和企業歷史發展軌跡的掌控，有著密不可分的關係。現代企業有個重要的發展趨勢——「領先活動」(proactivity)，也就是評估攸關企業未來發展各項要素的活動。企業控制(business control)這個名詞已經取代了傳統財務控制的地位，把強調重心放在這些攸關企業未來發展的要素上，而不是像傳統那樣根據已成事實的現象才加以因應。平衡計分卡(balanced scorecard)能夠讓人們以多層次的觀點來探討攸關企業發展和成功的重要要素，因而在全世界都大受歡迎。除了財務指標和生產力之外，它還評估顧客價值、成長驅動力以及激勵員工努力工作的誘因。

以目前的發展局面看來，我們可以斷言管理、企業經營和商業這三個領域正逐漸融合為一體。企業管理（也就是 MBA 碩士學位所研究的領域）這個名詞很清楚的反映出它是一門根據既成事實的局面來加以因應的學問。不過融合了新風格之後，它引用了許多數學和心理學方面的原理，而其變化速度之快更是其他領域所望塵莫及，這是因為人們亟需發展出一套中心理論來作為提升短期和長期效率的基石。

我們所說的管理包含兩個層面的緊密結合：領袖對於企業的責任，以及屬下對於企業領袖的景仰和合作。為了簡化這個議題的討論，在此假設企業和機構的發展大約有一百年的時間，讓我們看看這段期間的演進。

如果我們從最早看起，就會發現到一百多年前的主流是技術專家主義(technocratic attitude)，長久以來，佛德列克・泰勒(Frederick Taylor)一直被各界冤枉為這派學說的始祖。所謂技術專家主義也就是把人工視為如機械一樣的生產要素。根據我們對於技術專家的定義，唯有合理的經濟和技術理論才能夠打動這些技術專家，至於人類、文化和環境價值對他們而言都是不屑一顧的事物。二十世紀初期，人們開始被資本家所奴役，不管是在公司的工作環境裡，還是在市場上的顧客都是一樣。

當時序逐漸邁入現代，我們發現情況出現了很大的改變。人們需要富足的生活和工作上的成就感，現在世界各地的企業也開始體認到員工對於公司發展的貢獻。現在的情況正好和二十世紀初期相反，資本家反過來要看大眾（譬如有技能的員工或是公司的客戶）的臉色。下表能夠清楚的說明這個狀況：

泰勒，專家政治理論對於勞工的看法	經濟曲線以及經濟規模	商業營運的分析觀點	規劃經濟的瓦解	人類學習成為商業世界的關鍵要素
1900	1925	1950	1975	2000

在此讓我們簡短的回顧過去這一百年來管理學的演進和在現代的發展，並且配合合理的假設來告訴各位為什麼標竿學習的前景會如此亮麗。

二十世紀的管理發展歷程

二十世紀初期盛行的技術專家理論往往遭到曲解，而泰勒很不幸的便成了眾矢之的。其實，泰勒除了推出科學化管理(scientific management)理論之外，對於世人還有許多卓越的貢獻。泰勒的基本理念是，人們不應該像是機械那樣遭到剝削，表現良好的員工應該獲得鼓勵，而且薪資水準應該和員工的表現有直接的關係。但是這些基本理念日後卻遭到嚴重的扭曲，導致他的科學化管理學說（也就是泰勒派學說）受到世人的曲解。

其實泰勒有兩個事業，其中鮮為人知的是在機械工程這個領域。泰勒來自費城，他的家庭背景非常富裕，曾在哈佛研讀法律，但之後他決定徹底放棄在哈佛的學業，跑到一家工程公司從學徒做起。後來他們家族有位朋友開的 Midway 鋼鐵公司聘請他擔任總工程師的職務，他的妹婿則在那家公司擔任總裁。

比較不為人知的是，泰勒在從事機械和工具設計的過程裡，經過不斷的實驗、努力，在 1898 年終於和同事發明出能夠讓生產量倍增的鋼鐵切割技術。這項發明讓泰勒成為全世界知名的人物，1900 年在巴黎舉行的世界博覽會(World Exhibition)更頒發金牌獎的殊榮給他。他所寫的《切割金屬的藝術》(*On the Art of Cutting Metal*)在 1906 年出版，大多數的工業開發國家都可以看到這本書的蹤跡。

不過泰勒發現到許多技術員工不願意利用他發明的技術，他們的態度保守，而且堅持使用傳統技術。這個問題令泰勒對工作組織的議題開始感到興趣，並從而展開他的第二個志業，他在這個領域的研究成果也是最為世人所熟知。

泰勒的員工會故意放緩工作的速度，新進員工很快就從其他老員工身上發現到，原來公司期望他們每單位時間內做出多少產品，就算做多了也沒有任何額外的獎勵。既然如此，他們會覺得只要達到公司的標準就可以了，沒有必要做得更好或是更多。

泰勒把這個問題視作嚴重的人力資源浪費，而且認為會對生產力造成阻力。他因此決定對此問題詳加研究，並且有系統的分析工作模式和在各種不同的作業環境中，人類心理會有什麼樣的反應。他的想法是，生產力提高對於員工和雇主都有好處，員工能因此獲得更豐厚的酬勞，雇主則能因為生產成本降低而受惠。

科學化管理的基本理念是鼓勵人們將效率提升到最高的水準，泰勒並且把智慧和勞動型態的工作分得非常清楚。科學化管理的目的在於利用經濟規模、經驗曲線跟專長來提升生產力。泰勒甚至還禁止員工爭取自己的福利，堅稱經驗累積下來的技能非但不是公司的資產，反而是阻礙生產力提升的障礙。

說到這兒，我們一定要提到美國，這個國家是西方工業世界裡少數同質性、門戶洞開的大型市場之一。影響所及，美國的生產技術開發和歐洲自然不盡相同。北美市場的企業遠比歐洲更早開始利用經驗曲線、價格和經濟規模優勢來作為競爭的手段。西歐國家或許對於泰勒和他的科學化管理理論多所貶抑，但是我們可別忘了，歐洲市場向來各自為政，彼此區隔得很清楚，因此泰勒的學說其實並不怎麼適合這個地區。

泰勒在 1911 年出版《科學化管理原則》(*The Principles of Scientific Management*)，這本書和當時的時代背景正好配合得天衣無縫，當時人們沒有像現代人這樣的自由，在獨裁系統的掌控當中備受壓制，也無法自己決定要為哪家公司工作。泰勒的學說在他在世的時候就已迭遭批評，他的理論曾被指控為違反人權，還因此前赴參議院某委員會進行答辯。

儘管各式各樣的責難，但是沒有人能夠否認科學化管理的確能夠降低生產成本、提升附加價值、提升工資水準、降低售價以及加速成長。當然，泰勒的理論並不適用於知識密集的環境，對於激發人類智慧、創造力也沒有助益，不過泰勒的時代和現在比起來是非常不一樣的世界。

管理學發展歷程中的另一個里程碑——經驗曲線，則應該歸功於俄亥俄州達頓(Dayton)外萊特彼得森空軍基地(Wright Patterson Air Force)的指揮官。萊特彼得森空軍基地是美國主要的軍用航太研發機構，製造大量的飛機（現在則是太空船）零件。該基地的指揮官發現到 1920 年代中期，當飛機零件累積產量增加一倍的時候，零件單位成本就會下降二到三成。要是在現在這樣的發現可能會被人認為無關緊要，但是當時卻對生產流程造成重大的改變。例如，與其每製造一架飛機就重新生產開始設計，不如把同樣一套零件設計應用在許多不同種類的飛機上。

當第二次世界大戰打得如火如荼的時候，經驗曲線的理論主要是應用在美國飛行產業上，洛克希德(Lockheed)是這項創新理念的先趨，日後更成為奉行這套理念的主要製造廠商之一。1950 年代末伊格爾・

安索夫(Igor Ansoff)發明了策略理論，洛克希德在 1960 年代也以其臭鼬鼠工作理論(skunk work)而聲名大噪。U2 和 SR71 這些性能具有革命性改變的機種也因此應運而生。

說到這兒，各位可能有興趣知道哪些企業是管理學發展的溫床。由充滿傳奇色彩的總裁愛爾佛瑞・史隆(Alfred Sloan)帶領之下的通用汽車(General Motors)正是其中之一，另外還有杜邦(DuPont)跟奇異電器(General Electric)，這些在 1960 年代和 1970 年代都是各項新式管理理念崛起的溫床。

1950 年代末期波士頓顧問公司(Boston Consulting Group)所提出的波士頓矩陣(Boston Matrix)強調市場占有率的重要性。廠商如果能夠在市場上占有一席之地，那麼累積產量便能隨之攀升，單位成本則會跟著下降，廠商就能夠獲得更高的毛利率，或是可以降低售價來刺激產品的買氣。

經驗曲線的理論在 1920 年代出現之後，隔了許久才對企業發展的相關學說造成重大的影響。所謂的經驗曲線（也是大家所說的學習曲線），反映試驗、學習和行為改變這樣的漸進過程。不過其效果並不符合自然定律，因此管理人員必須對其有深入的了解，才能夠充分的發揮這套理論的優點。以下介紹經驗曲線各個現象的重疊、相關之處：

1. 勞工生產力：當勞工從事老闆交代的工作，他們會越做越順手，因此效率也會跟著提升。生產過程中的浪費因而得以減少，勞工生產力隨之攀升。透過訓練和良好的人員政策，甚至可以加速這樣的過程發展。
2. 工作組織：隨著員工效率的提升，機構或是企業也應該隨之加以調整，他們可能會讓分工越來越細，或者進行結構上的改變來因應。如果是前者，每個員工的工作量會降低，至於後者，工作單位的表現會更有效率。

3. 新的生產流程：生產流程中的發明和改良能夠大幅降低單位成本，這對資本密集的產業而言更是明顯。

4. 勞工和資本的平衡：隨著業務的擴張，勞工／資本比率可能也會跟著出現變化。如果薪資上漲，公司可能寧可投資在機械設備上，藉此取代人工，像是日本、瑞典和從前的西德這些勞工成本高昂的國家都已經出現這樣的現象。

5. 產品標準化：要是沒有產品標準化，經驗曲線的好處就無法充分實現。不過，福特汽車 1920 年代風靡一時的 T 型車(Model T)卻顯示出產品標準化可能會導致組織僵化，若時勢所趨不得不面臨改革的時候，這可能會危及企業的生存，因此標準化大量生產的產品對於企業的進步是個障礙。

6. 專業技術：隨著生產流程的逐漸發展，廠商可能會採購特殊的設備，藉以提升生產效率和降低成本。

7. 重新設計：當經驗不斷累積，顧客和生產商對於價格和表現之間的關係也越來越感到滿意。透過價值工程(value engineering)來重新設計產品，能夠節省物料、能源和勞力，而其表現不但能夠維持原來的水準，甚至還能夠更好。

8. 經濟規模：從分析的角度來說，經濟規模是一種個別的現象，就算沒有經驗曲線也可能獨立產生，而且許多跡象顯示經濟規模對於經驗曲線的影響並不大。不過，經濟規模和經驗曲線有很多重疊的部分，因此必須對這個相關要素加以解釋。經濟規模表示固定成本由許多生產單位共同分攤。

上個世紀，產業製造廠商在整個經濟體系裡占有非常重要的地位，因此經驗曲線的理論對當時的重要性也比現在要高出許多。儘管如此，經驗曲線至今依然是個非常重要的理論。我們常常發現企業中的某些作業層面(尤其是那些例行性的行政作業)對這觀念付之闕如。

第二次世界大戰的營運分析

二十世紀初期，美國還在積極的架設鐵路網絡，由於當時的鐵路多是單軌，需要複雜的數學計算公式來進行交通控制，因此有些數學模型也應運而生。這些技術，包括線型程式和蒙地卡羅模擬(Monte Carlo simulations)在內，在第二次世界大戰期間受到非常廣泛的應用。從邏輯的角度來看，第二次世界大戰可說是個龐大的數學難題，橫跨大西洋的船運和諾曼地登陸所需的物資補給，都需要非常周延的事前規劃工作。

在第二次世界大戰結束之後，這些技術由企業界接手應用，結果都非常理想，不過事後想起來，這是因為當時物資缺乏，不管是什麼領域，需求幾乎都會超過供給。當時需要管理的主要項目是：

- 生產(produce)
- 行政(administer)
- 配銷(distribute)

至於顧客就無關緊要了，需求在當時被視為理所當然的事情。斯德哥爾摩經濟學院(Stockholm School of Economics)在 1960 年代前五年的教學也反映出這樣的觀念。企業發展（或是策略）這個學科牽涉到很多的數學運算，在 1950 年代，營運分析協會(Operations Analysis Association)也把策略開發納入他們的規劃中。

這種側重數學及專家技術的管理理念更在羅伯特・麥克南麥拉(Robert McNamara)手中落實，他是福特的第一任總裁，後來成為美國國防部長。在越戰期間，軍方利用數學模型來計算軍事行動的成功機率，但是後來事實證明這種運算根本沒有用處，只是平白添了許多冤魂。我們稍後將會繼續討論這個趨勢的崛起和沒落。

人類重要性的提升

愛爾頓・梅爾(Elton Mayo)於 1920 年代在芝加哥的西方電子霍頓工廠所進行的實驗讓人工要素的重要性更形提高，再度突顯出人員對於企業成功的貢獻。在這個著名的實驗裡，他把生產環境的燈光亮度提高，生產力隨之提升，後來他發現當燈的亮度減少時，生產量還是上升。我們這個時代之所以對於各種人類工作動機和學習有相當的了解便是起源於當時的發現。

各位可還記得，佛德列克・泰勒發展科學管理理論的時候已經考慮到人類工作動機這個要素。那麼愛爾頓・梅爾試驗成果又有何新意呢？他發現到除了薪資誘因之外，還有其他的刺激要素能夠促使人們努力工作。日後許多更為廣泛的實驗都是基於這個發現所進行的，佛德列克・赫茲柏格(Frederick Hertzberg)根據人類工作動機所撰寫的文章更是著名，他發現工作環境的衛生問題通常是造成員工不滿的主要因素，至於工作的滿意度則和個人喜好、學習和專業成就有關。

北歐國家在人類對於工作參與的研究成果尤其卓越，其中最著名的是瑞典勞工和工會在 1937 年達成的薩赫貝登協議(SaltsjÖbaden Agreement)。當 1970 年代開始實施諮詢和共同決策的法規時，企業的管理階層多將其視為和強大工會打交道的必要條件，而不是對企業發展有貢獻的利器。

企業家(entrepreneurship)和企業(enterprise)

根據牛津字典的定義，企業代表：

1. 作大膽之事或困難之事。
2. 冒險心、進取心。
3. 企業體、公司。

在十九世紀，它又多了一個定義：企業是靜態的現象。根據馬克思(Karl Marx)的說法，企業體的運作需要機械、人工、和資本，如果能夠得到這些資產，企業自然能夠崛起，不過這個過程到現在都還沒有理論的界定。

在界定企業家這個角色的研究工作上，經濟學家喬瑟夫・熊彼得(Josef Schumpeter)以及專門研究工作動機的大衛・麥克里蘭(David McLelland)都是其中的翹楚。熊彼得是奧地利人，後來移民到美國，創造性的毀滅(creative destruction)這個理論就是他提出的。他也界定出靜態和動態效率的分別，其對靜態效率的定義也就是我們在經濟學院或是大學裡頭所學到的：如何管理現有物料、資本及人員的流動。其對動態效率的定義，就是進一步發展企業的能力——這個過程需要投注更多的心力。瑞典的艾瑞克・達曼(Erik Dahmén)教授將熊彼得的學說發揚光大，他對於企業和國家發展的技術專家理論非常排斥，對於動態企業的學說則不遺餘力的大力提倡。

麥克里蘭在 1940 年代末期開始研究攸關員工表現的工作動機。他從社會學的角度出發，把人類的動機分成以下三個要素：

- 表現(performance)
- 關係(relations)
- 權力(power)

他認為表現動機是促使企業發展的主要動力，這個看法後來獲得世界各地學者的肯定，尤其在規劃式專家技術制度在 1970 年代末期崩潰之後。有關於企業家的研究就沒有這麼普遍，不過各界對這領域還是很有興趣。荷蘭精神醫師及經濟學家克茲·維瑞斯(Kets de Vries)更針對企業家的重要性推出相當完整的研究成果。

規劃新紀元的沒落

1960 和 1970 年代世界各地的企業對於規劃(planning)無不奉為科學經營的一大法寶。非但羅伯特·麥克南麥拉對其推崇有加，許多學術界人士、研究人員、顧問都把「規劃」視為他們的萬靈丹。既然連蘇聯都有它的五年計劃，那麼民間企業又有什麼理由不跟進呢？

許多公司都把負責規劃的員工奉為精英，這些人員往往活在自己的象牙塔裡，對於實際的產業作業視之如無物。瑞典和其他國家有些企業的管理階層把這些神聖的智慧財產和深不可測的商業概念結合在一起。其中最典型的例子要屬瑞典的格蘭吉集團(Gränges Group)。在 1960 年代，該集團的管理風格被奉為食品連鎖店業界的經典，經濟學院的學生都對其精密的管理風格感到讚嘆不已。但是在短短的十五年，該集團就創下瑞典產業最大的破產金額紀錄。當瑞典政府在 1950 年代末期收購 LKAB 礦業公司時，格蘭吉集團拿到相當好的價格。後來該集團終於被 Electrolux 出手收購而獲得拯救。活躍在全球舞臺上的 Autoliv（汽車零件）以及經營得有聲有色的 SAPA（鋁業）都是從這樁收購案裡形成的公司。

International Harvester（也就是現在 Navistar 的前身）也是經歷同樣的過程，1960 和 1970 年代該公司的年報老是吹捧其策略規劃的品質有多高，就算到最後該公司已經瀕臨破產邊緣還是不肯認清事實。

為了說明這種計劃新紀元的缺點，倫敦商學院(London Business School)的學生進行了一項從 1982 到 1992 年橫跨十年的實驗。他們選擇四位財政官員、四位大型企業的執行長、四位教授和從倫敦街頭隨機抽選四位清道夫，然後要求他們根據幾項要素來推測未來十年的發展。結果所有受訪者的錯誤率都高達六成，清道夫的分數最高，緊接著是企業執行長。譬如，平均預估油價為每桶 40 美元，1992 年的實際價格為 17 美元。

了解世界的運作模式的確有其必要，不過革命性的不連續性(discontinuities)理論在 1970 年代石油危機期間崛起之後，以線性假設進行推測的辦法證明是行不通的。現代企業發展的理論是以計劃和機會主義的綜合體當道，而不再是單純的計劃理論。

世紀末的氣氛

世界知名的哈佛教授麥克・波特(Michael Porter)於 1980 和 1990 年代對決定論(determinism)大力辯護，他認為透過事事計算和詳細敘述的過程，應該可以預測和控制公司未來的發展。策略學說——也就是長期企業發展，有很深的決定論學說的根基。根據這樣的觀點，如果情況經過分析、指標經過計算，那麼我們可以推論出來企業應該怎麼做才能夠邁向成功之路。這樣的觀點和意志論 (voluntaristic；這個字源自拉丁文的 voluntas，表示意志力—— will) 大相逕庭。意志論者認為人類的意志力、對成功的渴望和天生的驅動力才是成功的主要力量。

二十世紀即將步入尾聲的時候，麥克・波特將這個理論賦予更豐富的內涵，不過亨利・明茲伯格(Henry Mintzberg)則抱持完全相反的看法。以黑格爾派(Hegelian)的術語來說，這樣的論點將會產生綜合論的結果，李察·派斯科(Richard Pascale)和蓋瑞·漢默(Gary Hammel)正是其中的代表。策略理論的新要素（這也是標竿學習日漸重要的理念基礎）可以下列各項做簡單的介紹：

1. 學習是重大的競爭優勢。
2. 效率是所有機構活動的必要條件。
3. 客戶永遠第一。
4. 科技創新和壓力是提升客戶滿意的元素。
5. 除了企業之外，機構也認清自己處於競爭的環境中。
6. 科技和全球化將會激發第三次「產業革命」。

這簡單的說明了我們理念的起源跟為什麼我們對於公司、機構、和營運單位的管理和開發會有這樣的看法。

產業蛻變的時機

現在這個時代的發展腳步之快是以往任何時代都望塵莫及的，不過這也有個很自然的解釋：當開發的速度開始加速時，現在的速度一定會比以往快。大家都認為現在的開發速度比以往要快，不過如果我們把眼光放得長遠，這樣的印象或許還有修正的空間。

如果我們想想看變革對於人們的工作和個人生活造成多麼強烈的影響，那麼1880年到1920年代這段期間絕對是歷史上任何一段時期所無法比擬的。這段期間內，發電機的發明為人類帶來了電氣化的世界，各式各樣的電器用品和發明隨之而起。人們再也不像古時候那樣，晚上得靠著微弱的油燈看書，人們可以打電話，或是透過收音機立刻接收到新聞和娛樂節目。這段期間，奧圖—四行程引擎(Otto-cycle engine)的發明為我們帶來了汽車、柴油火車和通訊設備。貝爾(Alexander Graham Bell)發明電話，愛迪生(Thomas Alva Edison)發明電燈，飛機也在那段時期問世，不過這些發明經過許多年之後才對人們的生活造成重大的改觀。人們可以透過電話溝通，並且藉著火車和海上運輸探索世界。讀者可以自己想想看這些巨大的變化對自己的生活有哪些層面的影響。

在供給超過需求的世界裡，「客戶」這個要素攸關著企業的存亡，但是過去二十年間企業界往往把客戶視為理所當然。1960 年代的商學院幾乎不會提到客戶是企業發展的基石。上個世紀中，大量生產和大量消費的局面逐漸轉變為過度供給及不斷成長的繁榮景象。

企業界為了因應這樣的轉變，無不汲汲於迎合客戶的需求，甚至到了卑躬屈膝的地步，廣告界有位聞人稱此為「回響狂熱」(feedback fanatics)。在傾聽客戶心聲這樣的教條教化之下，結果同一個產業的各個企業或廠商變得幾乎一模一樣。這是行銷光譜的極端局面，另外一端則是創新，也就是與眾不同的特色，這是無須諮詢客戶就應該具備的要素。過去有太多例子顯示廠商就算是仔細研究顧客偏好和需求，並且根據研究成果推出產品，最後仍然可能落得黯淡收場的結局。這包括了可口可樂的 New Coke、麥當勞的 McLean drive 及福特的 Edsel，這些產品都是研發人員根據教條一板一眼所開發出來的，但是推出之後卻被市場棄之如敝屣。

調查客戶偏好與順應需求是大家都可以做得到的事情，不過這種做法其實成果有限。創新則完全不一樣，這是考慮顧客的處境之後，推出嶄新的產品，就連顧客自己也從來沒有想到。現在大家視為稀鬆平常的冷凍食物、微波爐和克萊斯勒的 Voyager 都是典型的創新產品，這些廠商不受消費者偏好的調查左右，而憑藉自己的遠見推出影響深遠的創新產品。

創新——不管是技術上的還是商業層面，都牽涉到高度的人類智慧，而其重要性，也說明了為什麼標竿學習會如此受到歡迎。具備技能的員工如果對於工作感到不滿意，他們不會舉著標語到街頭去抗議，相反的他們會在工作崗位上消極抵抗，也就是把創新的智慧和能力深藏起來。這也是為什麼公平理論(fair process)會如此重要，以及這個理論為什麼在標竿學習中占有不可動搖的一席之地。公平理論的功能有：

1. 透過具建設性和創造性的措施鼓勵大家的參與。
2. 解釋為什麼某個做法是最適當的辦法。
3. 釐清公司對於員工的期望，這樣大家才知道公司會用什麼標準來衡量自己的表現。
4. 藉由共同的刺激措施跟加強合作，來提升個人對於成功的渴望程度。
5. 提倡集體學習，從而建立共識與產生大量的重要知識。

除了公平理論之外，標竿學習也側重案例的介紹來加強學習。良好典範能夠激發學習人員的創造力，從而創造出多采多姿的世界，更重要的是，透過這些良好典範，人們能夠以他人的經驗作為溝通橋梁，藉以縮短開發的過程並避免別人曾經犯過的錯誤。彼得・杜拉克(Peter Drucker)這麼說：「現代企業必須加速從自己的錯誤中學到教訓。」我們的看法倒不盡相同，從別人犯下的錯誤中學習要比自己去犯錯好得多。因此，人類創造力的重要性已成為現代管理的一大特色。

嶄新的先進思潮

1990 年代陸續崛起許多新的趨勢，對於企業的運作造成既深且遠的影響，諸如委外(outsourcing)和內包(insourcing)都是這些新近崛起的做法。

從理論的層面來看，「競爭的壓力越小，業務範圍就會擴增得越快」，是這波新趨勢崛起的基本教義。蘇聯時期的國營企業以及歐洲許多不受競爭壓力影響的業者，他們的作業範疇都遠遠超過自己的核心業務和優勢。譬如航空業者寧可自己進行大量的維修工作，但其實外包給愛爾蘭的業者來做會便宜得多。電信業者自己開發電信技術，但是易利信、Nordtel 與諾基亞(Nokia)在這些領域都能夠提供更好的品質。許多地方醫院的清潔和外燴都自己一手包辦。這些類似的例子眾多，如果要的話我們可以繼續列舉下去。隆納・寇斯(Ronald Coase)以這個主題的研究贏得 1992 年的諾貝爾經濟學獎，早在 1937 年他所撰寫的〈公司本質〉(The Nature of the Firm)這篇文章當中，他就已經碰觸到交易成本分析的問題，文章中問道：「公司應該做到什麼地步？為什麼?」

企業管理這門學科從古時候義大利二進位的記帳方式不斷的演進，一直到現在發展出複雜的綜合體，例如行銷、會計、行政和財務。在瑞典稱作企業經濟的學科在英語系國家（尤其北美）的教育傳統並沒有對等的研究，行銷和財務等等才是此地區主流的學術領域。

效率這個概念可說是企業管理學所缺乏的核心。企業一切活動的目的在於創造高於生產成本的價值，這個目的各個不同的元素都能夠以這個重要的概念為依歸。

重要的是，企業管理專家開始質疑自己可能還有不足之處，以往只要企業能夠證明獲利豐富或損益平衡就表示他們的經營很成功，但是現在開始有許多專家對此感到質疑。諸如：日本這樣的國家缺乏天然資源，怎麼能夠創造出驚人的經濟成就？而俄羅斯的天然資源豐富，又怎麼可能連人民的溫飽都無法辦到？像是 IBM 這種地位穩固的龐大巨擘，擁有全世界最傲人的智慧資產，怎麼可能在 1992 年碰上生死存亡的危機?

目前各界對於智慧資產和知識管理還有許多爭議之處，讓我們在此簡短的加以評論。「智慧資產」這個名詞，一般來說，是指高層次的知識以及管理顯性知識(codified knowledge)和隱性知識(tacit knowledge)的高超能力。這個解讀是根據其靜態本質來下的定義，這是選擇「資產」這個名詞來作為隱喻的結果。所謂資產是損益表上所列舉的項目，不過這並不能顯示企業的動態層面。智慧資產這個名詞和教育程度這種顯性知識要素息息相關。根據各界普遍的認知，IBM 在 1992 年面臨生死存亡關鍵的危機時，必然擁有傲視全世界的人才和智慧資產。這個名詞無法彰顯出知識形成對於企業成功與否有多麼的重要，也無法對此提供令人滿意的解釋。這也是為什麼我們如此強調知識形成的重要性，而不是知識本身。

知識管理這個領域的爭議，集中在知識形成的供給層面（根據本書的定義，知識形成是蒐集、儲存知識，並且加以記錄以供他人參考的過程，譬如把知識轉化成資訊的要素)。因此我們在此依然堅信，知識管理這個名詞主要是一種提供資訊要素的議題（不過這些要素還未被轉化成知識)。由此可知，知識管理的目的在於盡量廣泛的將知識記錄下來，不過這並不包括轉化資訊要素成為知識的過程（這是需求或是接收那一方所需要的)。

管理這個領域最大的難題之一，就是激勵人們吸收和自己工作相關的龐大資訊。現在有些資訊科技軟體已經可以協助人們，從浩瀚的資訊寶藏中篩選出真正有價值的資訊。我們必須找出方法，來鼓勵人們將有用的資訊元素轉化成為知識，在適當的情況下，這些知識將是他們脫穎而出的競爭優勢。

現代企業管理學有個很大的突破，就是認知到知識形成對於短期和長期成功的重要性。傳統的企業管理人員能夠從損益表裡找出許多值得掌握的指標，這些資料對於衡量公司經營的成功與否提供了落後指標——雖然有其必要性，但是並不足夠。諾頓(Norton)和凱普蘭(Caplan)在他們的《平衡計分卡》(*Balanced Scorecard*)中為傳統的企業管理提供了更具前瞻性的嶄新視野。未來二十年間管理學和企業經營領域的研究重心將會以知識形成的衡量問題，以及具有前瞻性的管理為主軸。

第二章

標竿管理的延伸

管理學這個領域經常是長江後浪推前浪，充滿天分的人才和各式各樣新的理念不斷出現。不過並非所有新崛起的學說都有其效果，有些根本沒有什麼重要性，有些則非常有效。標竿管理(benchmarking)毫無疑問的是屬於後者。

「標竿」(benchmark)這個名詞從字面來說是固定一點的意思。它原本是一種技術名詞，通常表示經度、緯度、和高度這三次元的中心點，這是建造道路和大樓等營建工程的參考點。管理學後來借用這個名詞，用來比喻效率表現的中心點，也就是顧客價值和生產力。至於這個名詞到底從什麼時候開始出現則已經不可考，有些人說這是起源於十八世紀的紡織廠，也就是工作臺上註明工作做到哪裡及應該從哪裡開始的紅色標記，也有人說這和工程的試床(test beds)有關。不管如何，最重要的是要了解這在管理學上所代表的意義：標竿代表著利用現有良好典範作為參考的基準點來評估某些層面的表現。

各界公認印表機製造巨擘全錄(Xerox Corporation)是最先把標竿管理應用在管理和領導方面的先趨。全錄影印法(xerography)的專利權在 1970 年代過期之後，各界競爭對手隨即磨刀霍霍準備搶攻這個市場，尤其以日本的廠商最為積極。其中有些小型影印機製造廠商居然能夠把售價壓到全錄產品的成本之下，全錄頓時感到驚慌失措。全錄隨即派出一支由生產部門主管領軍的遠征隊伍，前往日本調查是否有傾銷之嫌(也就是以低價刺激銷售量來彌補成本的行為)。但是這支遠征隊伍發現原來日本廠商並沒有這麼做，帶著失望的情緒回國之後把這個驚人的消息告知公司高層。他們的解釋是全錄把效率目標訂定得太低，結果日本廠商有機可乘發展出突破性的技術，才能夠以更低的成本來製造影印機。好幾年來，全錄對生產力目標都定得非常鬆散，結果員工並未受到激勵，當然也沒有研發出突破性的技術。這個例子很快就傳遍公司，標竿管理也就從此應運而生。很快的，整個公司上上下下都鬥志高昂，準備以更好的表現來絕地大反攻。

當然，早在全錄於 1970 年代末經歷的危機之前，各界就已經體認到良好典範具有極高的指導價值。甚至早在基督誕生之前，大夫就會把新的治療方式以口耳相傳傳播出去。日本自從 1868 年的明治維新時代開始，更是有系統的研究西方的強盛之道。從別人的經歷中吸取經驗，要比自己去跌得頭破血流聰明得多。

不過，企業界對於研究典範案例的重要性卻沒有這麼高的認識。公司的執行長往往是運籌帷幄的核心人物，但是比起去了解別家公司成就了什麼，他們對於自己公司的表現、發明和發現更有興趣。幾年前密西根大學(University of Michigan)針對企業界領袖進行一次大規模的調查，研究這些企業領袖怎麼看自己公司在所處產業的定位。結果如下：

- 九成的受訪者認為自己公司領先同業
- 五成的受訪者認為自己的表現應是同行裡最好的前百分之二十五
- 四分之一的受訪者聲稱自己公司在業界排名在前百分之十

標竿管理不但讓業者能夠把自己的表現和同業進行比較，同時也是讓人們認清事實、免於自我陶醉的有效工具。

標竿和效率

市場經濟成功的取代計劃式經濟，這樣的勝利絕對稱得上是當代最重大的里程碑之一。這樣的變化無須兵戎相見，完全只是因為計劃式經濟無法滿足人民的需求，這兒說的不只是財務上的富足，個人自由以及精神上的滿足也都算在內。當人們在討論為什麼計劃式經濟會勢微的原因時，往往把所有權這個要素視為罪魁禍首。不過從分析的角度來說，事業體究竟是由國家、地方主管機關、合作社、還是民間個人經營其實都沒有什麼差別，重點在於他們的顧客（也就是事業體生產的商品或是服務的使用者）有沒有其他供應商可以選擇。在市場經濟當中，顧客有許多供應商可以選擇，這時候決定權操縱在顧客手中，供應商必須傾聽顧客的心聲，並且願意從中虛心學習，從而激發創新和不斷的成長。市場經濟也就是一種最民主化的經濟體系。

計劃式經濟中，營業額下降或成本上升其實都無關員工的痛癢，他們也沒有想要改變或是改善的動機。其實，絕大多數的企業都是一種計劃式經濟的環境。我們之所以會這麼說，是因為公司裡各個部門所提供的勞務和生產的商品，大多是提供給同一家公司別的部門使用，或是貢獻給整個公司，因此這些商品和勞務的使用者並沒有其他的供應來源。譬如行銷部門只能把行銷服務貢獻給自己的公司，公司則不能從他處購買這種服務，因此這個行銷部門形同一種獨占事業。如果你是某大航空公司的經理，譬如漢莎(Lufthansa)航空，你不能使用哈薩克航空(Air Kazakhstan)的飛機來降低成本。儘管匈牙利的Malev of Hungary 航空公司或是波蘭的 Lot of Poland 航空公司的機師薪資只有你公司機師的四分之一，你也不能因此不用自己的機師而向外雇用這些便宜的機師。馬來西亞航空的空中小姐薪資低、品質高，但是你還是得堅守自己的固有人員，你必須從自己公司的技術或營運部門獲得這些勞務。

這代表的意義是，公司裡負責各項作業的各個部門的經理缺乏創新或是發展的動機，因為他們的整個工作環境大多是受計劃式經濟影響。許多經濟學家投入相當大的心力希望研究出能夠激勵這類工作環境改善的方法，有的經濟學家推出內部定價制度(internal pricing system)，這雖然有其好處，但是也有很嚴重的缺點。這很可能會使得官僚體系更加的缺乏效率，而且這套制度無異於獎勵辦公室「走後門」的文化，而不是獎勵實際的表現。有家大型航空公司的貨運部門經理發現到改善部門表現最好的辦法，就是請稽核人員出去吃飯，然後請他把內部計算價格做些修正，這樣要比辛辛苦苦去研究如何改進世界各地貨運站的作業效率要簡單得多。

另外一個可以加強效率及激勵員工成長和開發的辦法就是和別人比較，從而為「你怎麼知道自己公司的作業比較有效率?」這個攸關計劃式經濟的問題找到答案。既然在企業組織裡絕大多數的業務單位都受到保護，而不會直接受到競爭的壓力，因此標竿管理這種可以衡量效率的辦法自然會一直受到各界的歡迎。

標竿管理的另外一個功能就是激發改善的動力。透過觀察他處類似的狀況，可以激發你自己的靈感、創造力，並從中找出改善的契機，要是透過別的管道，你自己絕對得不到這樣的靈感。一般人常常對標竿管理有這樣的誤解:「這不過是仿效他人的做法而已」，但是其實不然，這應該是一種激發靈感、創造力的管道。

不管如何，標竿學習都鼓勵多元化的學習。以下的圖說明競爭的教育意義和提供各種可以代替競爭的典範。

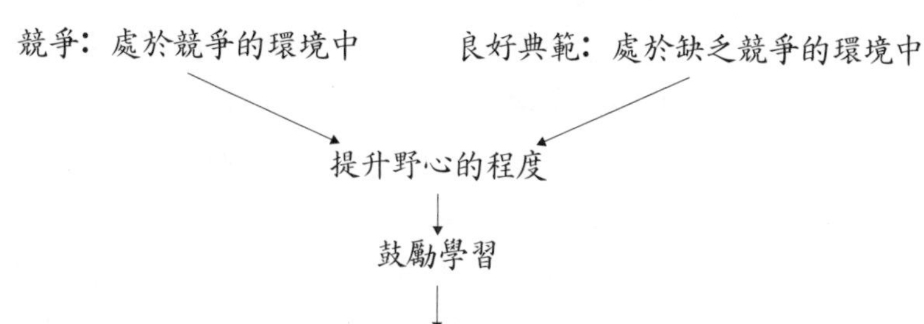
發展的驅動力量為何?
競爭：處於競爭的環境中
良好典範：處於缺乏競爭的環境中
提升野心的程度
鼓勵學習
對於提升效率以及長期的成功都有相當的建設性

競爭這個名詞往往帶有負面的意味，一般人會把競爭看作一種威脅，甚至是冷酷無情的現實。如果我們不要這麼想，而把競爭看作市場經濟的一大好處，那麼透過觀察競爭對手的所作所為，我們可以得到許多很好的例子。企業、機構和各種組織為了爭取客戶、會員及一般人民的支持，都會使出全力彼此較勁，並彼此觀察對方的表現，譬如 Volvo 和 Scania 兩大公司正是彼此較勁的對手。透過觀察競爭對手，我們能夠有個比較的標準，並且藉此激勵公司或是機構做得更好。如果競爭對手能夠辦得到，那麼我們一定也沒有問題!

事實證明，提升渴望程度(aspiration level)是激勵成人學習並努力為所服務機構提升效率的最好辦法。所謂的渴望程度就是人們想要在工作上獲得成就的程度，這對於效率非常重要（也就是價值和生產力之間的關係)。在競爭環境中如果渴望程度低迷，客戶會轉而與別的供應商交易，無形之中是對他們目前供應商的懲罰。這是一個很大的誘因，激勵人們努力學習改善不好的表現，因為情勢所迫，人們不得不開始學習。

在沒有競爭對手可以較勁的環境中，透過觀察標竿夥伴的表現，人們也可以獲得同樣的效果。如果在機構裡頭大家都認同某個人的表現有了改善，這樣的肯定會激發他渴望做得更好的動機，渴望程度自然上升，他也會更想要找出提升機構效率（也就是價值和生產力之間的關係）的方法，並且研究還有什麼可以改善的空間。因此標竿管理對於沒有競爭壓力的環境特別重要，因為它能夠提供一個衡量表現的基準點，人們能夠從而判斷應該如何改善，以及還有什麼地方值得改善。它也能夠提升渴望程度，激勵人們學習和改善的動機。其效果會透過這以下的幾個方式表現出來：

一、轉移舉證責任

一般來說，有心要改變現狀的人往往必須向他人證明為什麼這些事情需要加以改變。不過透過標竿良好典範的應用，人們可以把舉證責任轉移到對方身上，讓他們去證明為什麼這些事情「不應該」加以改變！

良好典範能夠提供無法反駁的比較標準，並且能夠刺激人們想要表現得更好。我們在此也應該提到，這並非只有商業世界的企業或機構適用而已，像是貿易聯盟、承租人組織及大學這類機構也可以應用。全球化的進程讓各個地區、國家及各式各樣的組織機關都面臨了日益升溫的競爭壓力，上述的這些機構自然也不例外。

二、效　率

效率的概念是各式各樣組織活動的核心，不過很不幸的是，很多人往往誤解了它的意義。人們常常把效率跟生產力和效力搞混，但是其實生產力和效力都是比較狹隘的概念。製造廠商或許生產力很高，但是如果沒有消費者要買它們的產品，那麼它們的營運並不具備效率。同樣的，某個作業流程或許很有效力，因為它能夠產生理想的結果。不過如果產生這種結果的成本太高，那麼這個流程也不具備效率。效率這兩大要素源自於這個簡單的前提：「這個概念可說是管理學當中所欠缺的核心。」有位教授更拿甜甜圈來作比喻，他說：「中間是空的，像是行銷、會計、經銷和財務這些環節則繞著這個不見了的核心發展。」因此效率可以說是公司或是機構當中所有活動的核心。以下這個圖說明了這樣的關係：

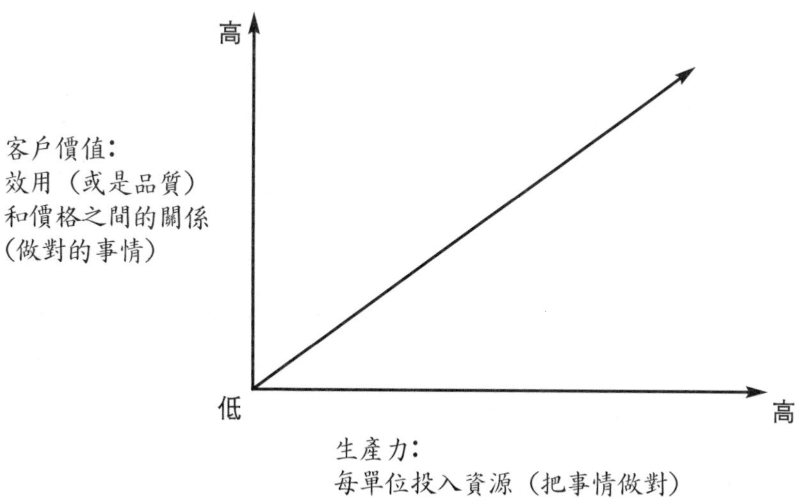

如上圖所示，價值是屬於效用（或是品質）和價格之間的關係，每次當我們在考慮要不要買什麼東西的時候，都會考慮到效用和價格

之間的關係。至於生產力的衡量，不論生產什麼樣的產品還是提供什麼樣的服務，都能夠以單位成本來作為衡量標準，這表示生產力會影響到廠商對產品或服務所定的售價。如果生產力低迷，導致單位成本超過市場願意支付的價格，那麼生產廠商就會蒙受損失。

無效率的情況有兩種，其一是創造價值的成本太過高昂（譬如SAAB 幾年前曾經推出一款新車，雖然市場願意支付某個水準的代價來購買，但其售價遠不及製造、行銷和配銷等所需的成本）；另外一個情況則是：雖然廠商有很高的生產力，但其產品的效用和當初所耗費的成本比起來根本微不足道，或是產品根本未能推出市面。企業內部或政府機關這種計劃式經濟體系都常見到這樣的問題。

瑞典人在 1 月初齋戒期間，會食用一種中間包奶油和杏仁醬的傳統糕點。瑞典某個城市的衛生檢查人員查遍各大糕餅店後發現，原來大多數糕餅裡的杏仁醬都不是用杏仁做的，而是一種代替品。儘管如此，他們也發現相關法律並未禁止業者利用代替杏仁醬的原料來做糕點。這些檢查人員對工作的用心是毫無疑問的，而且也的確非常具有生產力，他們甚至檢查了每工時或每單位薪資所生產的糕點。不過由於無法律可制裁，因此他們對於該城市居民的貢獻是零。這樣的例子並不只會出現在政府部門，任何大機構都可能會發生同樣的情形。如諾斯寇特・帕金森(C. Northcote Parkinson)所說的，人們工作的範疇往往有逐漸擴大的趨勢，因此以下這幾項問題對於效率的提升非常重要：

1. 我們生產和提供的是什麼？
2. 這些產品或服務的每單位或每小時成本是多少？
3. 誰會評估我們提供的服務或產品？
4. 這樣的評估是根據什麼樣的標準？

這些問題或許會很難回答，但是絕對都是必要的問題。就算每個人評估的標準和評估的情況不盡相同，但是基本上，不管生產或提供什麼樣的產品和服務，一定有人會對其加以評估。如果你對評估者和他們進行評估的標準渾然不覺，那你所屬的企業或機構很可能會驟然面臨精簡人事、關閉甚至流離失所的命運。

從佛德列克・泰勒以降，企業或各種機構開始投注很大的心力在生產力的提升之上，不過價值理論就沒有受到同樣的重視。效率這個議題還有另外一點需要注意，那就是生產力和價值這兩大要素彼此會造成心理上的矛盾之處。努力提升客戶價值是一種激勵人心的過程，這當中相關的決策會讓客戶感到滿意並讓員工感受到鼓舞。不過生產力卻往往讓人想起負面的意義，譬如精簡人事、裁員等等。企業或組織在任命經理人或是設立某個管理團隊的時候，必須把這兩大要素所造成的心理矛盾現象考慮進去。

在商業的世界裡，當景氣好的時候，那些具有遠見、勇於冒險，能夠帶領公司成長的人往往會受到拔擢而擔任高層主管。但是公司早晚都會面臨逆境，這時候，這些人往往並沒有帶領公司度過難關的能力，反倒是那些勇於面對困境、能夠作出艱難決策的強勢人才才會受到重用，不過同樣的，這種專家政治也不適合正在成長或處境順利的公司。因此，我們建議領導人或是管理團隊對自己所處的機構或企業進行一番診斷，並且考慮以下攸關效率表現的重要問題：

1. 和競爭或標竿對手比起來，我們在效率線上處於何處？
2. 我們應該朝什麼樣的方向前進？
3. 我們有多少時間？

標竿管理這套辦法的主旨在於提升效率。如果標竿目標的表現優秀，那麼人們的渴望程度會受到激發，而且他們也不能推託說沒有辦法改善自己的表現，這正是標竿管理的強處所在。

有關於標竿管理的基本介紹

正因為標竿管理的廣受歡迎，因此往往被人隨便應用或根本就應用錯誤，譬如調查訪問、業界觀摩，甚至各種重要指標的分析都可能出現這樣的謬誤。這類表面的比較可能會造成反效果，反而被人拿來當作藉口，推託說這些資料和他們的處境不相關，因此並不適用，這麼一來這些資料的重要性會被大打折扣。

因此標竿學習的過程中，把因果關係之類的要素都詳加考慮是很重要的課題，因為唯有這樣，表現之間的差異性才能夠獲得合理的解釋。這或許是因為工作組織的差異、自治程度高低、抑或是獎勵制度不同所造成的，不過重點是人們能夠認知到這些表現的差異性，並且能夠坦然接受這些造成表現各異的基本原因。因此，標竿管理必須以嚴格的評估和比較標準來進行有系統、有方法的分析，否則它的效果等於是零。

標竿管理的關鍵要素包括：

- 調查：我們現在要怎麼辦？
- 比較：別人又是怎麼做？
- 了解：彼此表現的差距應該作何解釋？
- 改善：執行和學習。

標竿管理現在已經成為管理階層用來提升效率，從而提升價值或降低成本的工具，不過一般人對於標竿學習這個層面則沒有投注相等的心力。目前全球各地機構和企業對於這個概念各有不同的解讀：

1. 無法比較的主要指標——例如：比較的標的不是單純的蘋果或梨，而是一整籃不同的水果。

2. 無因果關係的可比較主要指標——例如：比較蘋果和梨，但是沒有解釋為什麼。
3. 可比較的主要指標，並且解釋原因，以及說明如何改善表現。
4. 標竿學習，也就是比較主要指標之外還配合原因的解釋，以及個別團隊建立自我改善體系的學習過程。

不過不幸的是，許多人對於標竿管理的認識不清，結果把一些無法對等比較的指標也拿來亂比一通。在此舉個例子，好比說 A 醫院開白內障手術的成本是 B 醫院的兩倍以上，不過我們得仔細分析這兩家醫院是否能夠對等的加以比較。譬如說資本設備是否在同一段期間內攤銷?醫院所在地的租金是如何計算的? 清潔成本是否也有包括在內? 這些狀態是否都可以對等比較，並且從而作出結論? 如果把無法比較的指標拿來亂比一通，不但是白忙一場，而且往往會對標竿管理的名聲造成很大的傷害，因此應該盡量避免。

當然，最好是有對等的指標讓你可以從事比較，而且不止是比較蘋果和梨而已，而是將同樣的柳橙相互比較。世上並非所有的事物都可以比較，但是只要把因果關係的分析考量進來，那就通常不會有什麼影響。表現上的差異正是讓人感到不安並從而加緊學習的動力。不管如何，我們還是應該盡可能的擴大比較的範疇。以我們以往的經驗看來，就算有最可靠的比較指標往往也不足以激起人們改革的動機，相反的，人們第一個反應往往是：「這不適用於我們的情況，因為……。」推託和藉口都是標竿管理的最大敵人。

我們這些純正主義者對於標竿管理非常講究，必須利用定義清晰的關鍵指標、敘述確實的流程、以及大量強調因果關係（也就是為什麼某人的表現會比較有效率）來作比較。有些重要的因果要素可能在這些層面會有所不同：

1. 資本結構。

2. 獎勵體系。

3. 工作組織。

4. 資訊科技水平。

5. 競爭的氣氛。

我們這兒所談的學習過程大多是為了尋覓正確的解釋。人們也很願意偶爾擺脫日常的例行工作，並且對照理論和實踐這兩者的異同，標竿管理（甚至於更高一層的標竿學習）為人們提供了這樣的機會。

根據我們上述的定義進行標竿管理，並且配合人們的參與，有助於提升決策品質及更有效的執行成果。透過對等的比較過程，我們能夠發揮人員參與的優勢（人們不但對自己的期望有更清楚的認識，更加深自己的決心，而且有助於集體學習和提升渴望程度），這也是本書的重點。不過，標竿管理有個很重要的環節，就是使用者必須對這方法具備基本的了解，接著我們就得強調影響他人態度的重要性。我們可以不斷把這句話掛在嘴邊：「某某人已經這麼做過」或者「某某人做得比我們好」，透過這樣的過程，我們所屬的機構或是企業也朝著理想的標竿學習境界一步一步的逼近。

標竿管理的重點

如果我們想要避免陷阱，並且充分發揮標竿管理的優點，那就需要釐清一些重要的問題。以下幾個重點更是攸關著標竿管理的成功與否：

一、扭轉舉證責任

如果人們發現只要改變作業的方式就能夠做得更成功，那麼不想改變的保守派根本不可能為現狀辯護。高層主管必須避免員工推託的苟且心理，才能夠充分發揮「舉證責任」這個利器的力量。在標竿管理中，「舉證責任」特別重要，因為團體壓力和集體學習都是攸關著人們能否將想法付諸實現的重要關卡。

二、標竿管理激發改革

變革管理往往未將成果的表現作為考慮重點，因此從某些角度來說，它的根基並不穩固。改變可以有好有壞，如果公司或機構大舉裁員，到後來只有一些士氣低落的員工留下來，這樣的改變就不是好事。但是如果改變為公司或機構帶來發展和規模日益擴大，那麼改變就是一件好事。當業者面臨是否應該把某個工作外包給其他公司的問題時，標竿管理往往成為他們諸多考慮的基準點。某個情況下，重要性相對較低的工作如果外包出去，可能會發展成重要而且蓬勃的核心事業，因此比較有機會提升效率與加強員工對於工作的滿足感。

三、自我進行業務分析是很重要的課題

除了個別項目之外，人們也必須具備全盤的認識，以效率這個層面來考慮，然後針對以下四個有關於效率的重要問題分別提出解答：

1. 我們生產和提供些什麼?
2. 這些產品或服務的每單位或每小時成本是多少?
3. 誰會評估我們提供的服務或產品?
4. 這樣的評估是根據什麼樣的標準?

業務分析往往成為人們主要的考慮重點，而不是標竿管理過程中一個必要的步驟，因此我們不單單把效率看作標竿管理的一部分，而是一個攸關企業存亡的個別現象。

四、方法沒有看起來那麼簡單

效法某個良好典範的好處非常明顯，但也因為如此，人們往往會犯了不夠嚴謹的毛病。譬如「產業觀摩」——拜訪別的公司，沒有自己做好功課就聽信對方提供的資料，而且也沒有針對某些可能改進的領域發問，這個現象在政府單位也很常見。如果你自己對於想要比較哪些部分還沒有決定好，或是對於你想要尋求啟發的標的也都沒有概念，那麼就算給你再多的資料也沒有什麼用處。問題的重心在於細節：「標竿管理具備能夠讓人們考慮得更深入、更精確的好處。」

五、分權架構往往是學習的障礙

過去二十年中，分權制度的狂潮席捲整個歐洲，這個理念基本上是要激勵小型團隊的工作士氣，以及針對那些需要服務的對象，譬如客戶等等。不過這對企業而言有個缺點，就是各個工作小組往往自治的程度過高，自給自足的結果會導致閉關自守的心理，不願意向他人學習既有的經驗。不過令人驚訝的是，儘管有這樣的缺點，但是人們往往不對組織內的分權架構進行修正，就逕自進行標竿管理的過程。我們接觸過標竿管理的案子裡，許多都是由分權架構下的個別單位彼此學習。在這樣的情況下，標竿學習能夠平息人們對於效率開發過程中不利要素的疑慮，當然是個很不錯的發展。

六、結合理論和實務的標竿管理

根據以往的經驗發現，當人們有機會把抽象的想法付諸實施的時候，往往會大受激勵。首先，從平常的例行工作中抽離出來，以宏觀的眼光對公司全貌進行觀察，然後針對需要改善的部分進行界定。我們和養老院的醫護人員、藥局人員、製造工廠員工、業務人員合作後發現，如果他們有機會在理論與實際作業間相互印證，百分之九十五以上的人都會覺得大受鼓舞。

七、標竿管理對於重視表現的人很有吸引力

對於那些希望不斷提升效率和表現的人們而言，標竿管理是個很重要的利器，尤其在優良表現會受到獎勵的工作環境裡，標竿學習更是扮演著重要的角色。標竿學習長久以來的施行經驗，在在顯示出它對側重表現的人具有多麼大的吸引力。簡單的說，有權力慾望的人不願意屈居老二，至於喜歡打關係的人則把提升效率這回事視作麻煩，認為會對他們的人際關係造成影響。不過注重表現的人則全心擁抱標竿學習，利用這套方法來提升競爭優勢以及尋找足以改善的契機。這現象在有些大型機構尤其明顯，那些不斷向上提升自我表現的人往往會率先擁抱標竿學習。

八、從追求效率到學習的轉變過程

從追求效率到學習的轉變過程非常重要。從管理人員的角度來看，標竿管理能夠提升價值或是生產力，是一種提升營運效率的利器。不過以往的標竿管理頂多能夠改變人們的態度與建立起一套自我改善的體系，並不能夠掌握鼓勵集體學習的契機。本書接下來會討論幾個攸關學習的理論，我們需要先對這些理論加以釐清之後，才能夠了解標竿學習中「學習」的好處。一些事實證明標竿學習比標竿管理要有效得多：

1. 標竿學習讓人們能夠有更廣泛的看法。
2. 不但有機會利用顯性知識，還能夠享有隱性知識。

3. 能夠把學習應用到相關的實際工作中。

4. 促使人們把資訊要素轉化為知識和技能，也就是知識管理領域中的需求刺激。

研究發現由於實踐成果和起初的計劃總是有些出入，因此，計劃和隨機要素兩者兼具是很重要的課題。如同艾森豪(Dwight D. Eisenhower)曾經說過：

「每次我準備好要上戰場了，才會發現原來當初設計的計劃根本沒有用，但是事前計劃還是不可或缺的。」

問題是標竿學習究竟是一種發明還是發現，它所有的元素都已經存在，只是有待人們的發掘而已。我們有位同仁偶然之間發現標竿管理的情形中，人員廣泛參與會產生絕佳的學習效果，而且激發他們想要改變的意願。除了向模範看齊之外，學習方式的相關知識也是很重要的元素之一。

長久以來，學術界、顧問和企業界主管無不希望找出一種方法，把他們對於效率的需求與員工成長和學習的需求加以結合。以上個世紀來說，員工希望能夠獲得更高的工資、獲得長官賞識以及成長的機會，這和管理階層希望不斷提升效率的目標是相互牴觸的。由於每日例行工作大多已經自動化，而且工作的知識元素不斷擴大，因此在激勵人心的環境裡，有個好工作的夢想正逐漸的實現。

當企業或機構正在如火如荼進行這樣的偉大變化之際，人們也對不同型態的學習產生莫大的興趣。在人們的努力之下，效率和學習共生的關係現在也變得可能。人們必須了解效率這個概念，以及對學習過程中相關知識的現狀有所認知，才能夠創造效率和學習的共生關係。

知識形成的基礎

我們先前在簡介中談過，如何加強競爭優勢和提升效率已經成為當代企業的重要課題，有關於如何達到這個目標的各種理論，更是如雨後春筍般的湧現。不過這些理論有個重要的特點：它們很像生命週期很短的貨品，沒有多久就被人從貨架上撤離。另外還有一大特點：1990 年代學習和知識突然之間變成熱門話題，不但引起各界的矚目，而且迅速發展起來。

1990 到 1995 年之間，有關於知識或是學習的書籍和文章呈現爆炸性的成長。在社會科學說明索引(Social Science Citation Index)的資料庫利用關鍵字進行搜尋，1988 年的檔案中沒有相關的資料，但是 1990 年則找出十五筆相關資料，1995 年這個數字更攀升到七百五十筆。1990 年代知識相關話題發燒的程度甚至於淩駕在如何協助企業成長之上。

在此同時，另外有股趨勢也正迅速的發展起來，領導階層不若以往那般受到重視。以瑞典在這個領域的發展看來，這樣的趨勢更是明顯，各界強調的是全體員工學習以及參與開發過程的重要性。

不過各位可能會問，這些企業開發的概念在過去這十年中是否經得起時間的考驗，或是能否對自我定位加以整合？標竿管理是這一切的解答，它不但經得起時間的考驗，現在甚至在民間企業和政府組織都廣受歡迎。美國前副總統高爾(Al Gore)為了提升聯邦政府的行政效率，曾推行一連串的標竿管理措施。歐盟目前也正積極進行標竿管理的計劃，希望不僅提升歐洲民間企業的競爭力，同時也希望能夠提升公共部門的行政效率。如同先前所介紹的，歐洲和美國的實證顯示標竿管理是有助於企業發展最可靠的理念。

不過我們也可以看出，標竿管理有其一定的限制存在，無法完全滿足現代開發概念所需的條件:

1. 標竿管理是為了管理階層所設計的，而且也是給這個階層所應用的工具。通常不是公司全體員工學習的工具，而它也不是為這個目的所設計的。
2. 標竿管理是根據大量對等指標來進行比較和開發，但是缺乏一套可行的辦法，讓人們透過學習這個基本的開發流程，應用他們和標竿目標比較的心得。

正因為標竿管理有其不足之處，標竿學習隨之應運而生，將標竿管理、學習和全體參與的概念整合成有效的理念，從而協助企業的發展。標竿學習是根據典範產生的指引力量，這和標竿管理有異曲同工之妙。我們主要是希望標竿學習能夠結合「效率」與「讓每個員工都積極參與」的這兩大目標。在日益複雜的世界裡，企業和機構對於創造力的需求不斷提升，因此亟需迅速、有效的學習，而標竿學習的概念和這樣的需求正好吻合。標竿學習也能夠提升員工對於工作的滿足感，讓他們能夠專注在有意義的工作上，並且對於自己負責領域的開發具有直接的影響力。

換句話說，我們對於標竿學習的期望非常高。我們為什麼會認為典範觀察、學習和全體參與這三大要素的組合能夠有效的提升企業的發展?

在第四章，我們將會從研究的角度來剖析學習的基本面。我們將會把研究重心放在和標竿學習有關的學習層面，也就是將標竿目標的典範和全體人員積極參與開發過程結合起來的辦法。第五章中，我們將會探討 1990 年代企業和職場對於學習條件的改變，尤其是在 1995 到 1999 年這段期間。至於第六章，我們將會探討現代企業教育概念面對目前的發展會有什麼樣的需求。

經驗——知識的基石

我們先前已經提過，最近幾年各界對於知識在經濟中所扮演的角色興趣大增。知識對於提升企業的創造力和效率大有貢獻，但是這些人類知識的基礎是什麼?

各界對於這個問題各有不同的解讀，專研政治和商學的經濟學家、教育人員、政治學者、心理學家、考古學家以及哲學家，都會以自己的專精領域為出發點來研究這個問題，我們往往發現就算同一個領域的研究人員也未必看法一致。此外，各個領域的從業人員看法更是分歧，譬如達康公司總裁或是門診中心的護士，他們對於這個問題也都有各自的解讀。他們不但彼此看法互異，和學術界人士的看法差異可能更大。記者、政治人物、座談會成員也是一樣，他們大多積極發表自己的宏論，希望自己對於問題的創新解答能夠被各界接受。

各界人士的看法存有如此龐大的差異並不令人感到意外。知識和技能都是非常複雜、困難的概念，每個人的解讀或許都摸著了一點邊，但是我們必須排除個別樹叢或樹木的阻擋，從而看到整個森林的全貌，讓我們先想想看這裡面有沒有一個最重要的要素。

曾經有人問諾貝爾經濟學獎得主肯尼斯・亞羅(Kenneth Arrow)有關於學習在經濟上的重要性，他以一套很有意思的方式來作分析。

他檢視各個領域研究人員的不同看法，並研究這些看法中有沒有相同之處。結果他的確從五花八門的意見裡找出共同點，這些研究人員一致認為經驗是個很重要的要素。其他要素或許和經驗有些關聯，有的或許是經驗的組成要素，但是毫無疑問的是，經驗是最突出的要素。

這樣的結果更加印證了一般人常說的「經驗是知識之源」、「熟能生巧」之類的說法，或是正如同浮士德所說的："Grey is all theory..."。

變化和更新

既然如此，我們接下來就會面臨這個問題：「如果經驗是知識的泉源和基石，那麼我們只要長壽，就應該能夠變得更有知識或者具備更高深的技能。」雖然當前各界往往低估了知識或是相關優勢的價值，不過我們必須認知到，就算活得長壽，甚至終其一生都在同一家機構工作，我們也不會因此變得比較有知識。

亞羅在進行研究的時候也發現到，除了經驗這個要素的重要性之外，各界人士也一致認同另外一種要素的價值。人們雖然可以從工作中學得知識及獲得技能，但是日復一日地重複同樣的工作會讓學習鈍化，工作本身變成一種例行公事，執行這種工作的人員什麼也學不到。

許多不同的領域都會發生這樣的現象。工作所需的智慧程度更有不同，就算是最高的智慧程度也需要不斷學習的充實。如果沒有機會學習新的事物，我們的學習能力很可能會退化，或是把學習的精力轉移到別的地方，譬如乾脆去重新裝潢住家或是接受某個俱樂部榮譽會員的職位。我們投注給工作的學習能力會不斷的下降，而且對於工作會逐漸養成一種交差了事的心態。剛開始工作時的學習熱情隨著歲月荏苒已經消耗殆盡，如果突然之間必須接受訓練或需要轉換工作，那麼我們很可能無法恢復當初的學習能力。瑞典於 1980 和 1990 年代就碰到這樣的問題，當時業界需要新的職業技能，許多員工不願意接受訓練或轉換跑道，因而紛紛決定提前退休。

解決問題

日本知名的經濟學家小池和男 (Kazuo Koike) 專精於勞工市場的研究，他針對 1970 和 1980 年代日本企業的成功事蹟進行研究後，也發現了類似的結論。

小池和男認為，日本企業之所以能夠創造如此亮麗的經濟奇蹟，並不是因為他們的經理人比西方企業的經理人優秀，也不是因為他們的工程師比較有創造力。日本的管理和工程技術一向都很好，但是這和西方企業的水準並沒有太大的差別。他認為，真正的差異在於日本員工能夠迅速適應環境，並且把學習新知視為自己的責任，認為在瞬息萬變的市場當中，自己理應挑起適應不同生產方式的責任。

小池和男認為，日本企業會提供員工有系統的訓練課程，實際演練西方企業碰到過的問題，這樣的訓練也有助於培養他們的學習能力。解決問題的能力和適應作業環境變化的責任感，是促使日本員工積極學習的兩大關鍵。

認知以及「智慧的技能」

小池和男認為，日本產業會讓各個部門有系統的互換員工，讓個別員工能夠熟悉各個部門或不同領域的作業，這和西方企業在 1970 與 1980 年代普遍的做法大異其趣。他們利用這種方法讓員工了解不同工作的作業模式，這樣的訓練對於有效學習也是非常重要的關鍵。

日本員工將解決問題視為己任、工作小組成員間彼此互換工作或是藉由換到別的部門吸取經驗，為什麼這些做法對他們而言會如此重要?

原則上，我們可從實務中發現以下三種效果：

首先，解決問題以及輪調所產生的變化是有效學習的必要條件。根據小池和男的說法，透過實際解決問題，員工能夠激發解決問題的智慧技能。柯恩(Kohn)和蘇勒(Schooler)在社會學的研究結果也印證小池和男的這個論點，研究發現工作本身的複雜性會影響到個人的智力，並且進而影響到此人的事業生涯發展。知道如何利用智慧的人會不斷接獲新的任務，迎接更複雜的工作挑戰，這會更進一步激勵他的智慧發展。但是相反的，如果員工不利用自己的智慧來解決工作上的問題或是不斷的學習新知，那麼這方面的能力會不斷的退步，而且員工也可能對工作產生得過且過的苟且心理。

第二，各個部門員工彼此互換，這樣的工作輪調制度讓個別員工能夠了解到工作的重點，並且能夠對自己在整體業務的貢獻有全盤的了解，這也有助於主管對於工作成果進行評估。小池和男與其他日本研究專家均一直強調差異是促進了解的重要因素，而我們也能體認到，對於企業發展的了解漸趨重要。許多企業策略模型從一開始就設計錯誤，根本無法應用在實際的工作裡。員工多半是根據自己對於工作的了解自行決定工作的模式，而不是聽從管理階層的指示。

第三，員工從工作輪調中所獲得的宏觀觀點，能夠更加了解同事的工作，對他們面臨的問題也有更深的體認，同時也能夠了解到先前所作的決定會如何影響到後段的工作流程。在別的部門工作過的員工也能夠比較有效的和對方溝通，因為他們曾經在對方的工作環境內工作過，具有第一手的經驗，而且已經學得對方的專用術語，因此對於彼此溝通的訊息內容能夠更有效的掌握。

看過這些現有的研究成果，我們能夠針對職場學習的所需條件設立一個非常簡單、但是清晰的結論：

「機構或企業必須讓個別員工有解決問題的機會，讓他們不斷迎接新的挑戰，新任務的進展多少能夠為工作帶來變化以及新的氣象。」

資料、資訊、知識以及能力

談到知識這個議題，我們就不得不提到幾個專有名詞的問題，這些專有名詞或許會讓人聽了頭皮發麻，但是仔細看過之後，各位會了解到這些觀念對於企業發展都具有非常重要的影響力。譬如，我們說得出「顯性知識」是什麼東西嗎？如果這能夠解釋得清楚的話，那麼「資料」(data)和「資訊」(information)又代表著什麼意義？網際網路真的能夠讓我們進入「全世界累積的知識寶庫」嗎？資訊科技的發展和各界對於其發展的相關看法，更加突顯出資料、資訊、知識這些專有名詞亟需界定的必要性。此外，我們也必須界定一般的知識以及和企業或機構發展相關的知識。

許多和機構與知識管理相關領域的研究人員認為，人們對於資料、資訊往往混淆不清，對於知識和能力也沒有清楚的界定，這樣的混淆是知識管理過去十年來最大的致命傷。資料是知識架構裡最小單位的磚頭，但是這並不表示資料能夠和知識畫上等號。瑞典國家百科全書(Swedish National Encyclopedia)把資料定義為：「代表事實、條件或是指示，其形式適合傳輸並讓人類或機器解讀、處理。」至於資訊的定義則是：「假定接收端能夠解讀的數據內容。」

知識的概念則比較複雜，而且也沒有放諸四海皆準的定義。假設P先生具備A的知識，或是知道A為真，其條件為：(1) A為真，(2) P先生知道A為真，(3) P先生有很有力的根據讓他相信A為真。不過瑞典國家百科全書則對「為真」(true)和「有力根據」(good ground)這兩個說法保留解讀的空間。根據匈牙利科學家和哲學家波力安尼(Mikael Polyani)的解釋,「知識」這個名詞不能脫離人類的使用範疇。當人們接收資料,加以了解、解讀之後,能夠將資料提升為知識。當個人吸收資訊之後,加以分析,和以前的知識加以比較,並且加以評估之後,能夠將這些資訊加入知識之列,或從而對知識進行改造、重組。

「能力」(competence)這個名詞代表個人把知識應用在實際工作上的能力,這也是指把知識應用到某個實際的需求上(相容性和一致性),也就是說能夠化知識為力量的能力。

不過在工作或企業環境裡,我們並不會提到一般性的知識或能力,我們有興趣的是和公司或機構目標息息相關的知識或能力。我們因而能把「經濟價值能力」(economically valuable competence)作為個別的研究項目。

認知研究往往忽視了「能力」的經濟層面,導致人們可能會忽略了選擇知識的方法,以及如何讓知識形成朝經濟相關領域靠攏的途徑。許多人以為透過長久經驗所獲得的知識特別有價值,這個誤解在隱性知識的討論當中尤其常見。不過事實上,從顧客的角度來看,耗費長時間所獲得的知識並沒有特別的價值。

知識的發展不能四面八方同時進行,這必須根據一套嚴謹的經濟標準來指引方向:「我提議公司要加強某個領域的知識,但是我要怎麼知道這能夠對公司的獲利作出貢獻?」「這有效率嗎?」「如果應用這套提議的發展策略,未來我是否能靠這營生? 還是是否能憑此發展我自己的公司?」我們可以把知識形成的經濟控制比擬作羅盤,指引知識發展應該走的道路。不過這個比喻有個盲點:經濟系統並沒有永遠不變的北極,因此羅盤並沒有可以憑據的定位方向,我們必須自己盡全力找出自己的「北極」。

不止經驗而已

大多數的人都可以接受經驗為知識主要來源的說法，到現在為止，我們已經討論過個人的經驗及其所扮演的角色。不過這是否表示唯有第一手的經驗才能夠加強我們的知識?

以下有兩個問題應該加以考慮:

1. 人類知識為什麼擴展得如此迅速?
2. 為什麼基於競爭的社會（廠商可以自由加入市場或是自由退出）會發展得如此快速? 尤其和獨占事業獨霸的中央規劃體系比起來更是如此。

人類知識如何與為何成長?

我們都知道人們會從前人走過的軌跡學得經驗。如果我們只會從自己的經驗當中學得教訓，那麼必然無法避免前人曾經犯過的錯誤，結果只會不斷的重蹈覆轍。這表示人類必須凡事從頭開始，不會利用前人已經學得的經驗。有句俗話說:

「愚者從自己的錯誤中學習，智者則從別人的錯誤中吸取經驗。」

所有的人類社會都試圖把學習組織化，藉以創造出知識儲存、傳播及更新的工具。家庭、鄉村社區或修道院都是如此，後來機構以及功能多元化的大學更成為神學以外知識的培育園地。漸漸地，其他組織和機構也從經濟體中崛起，並且扮演著類似的角色。儘管企業的主要目標在賺錢，創造就業機會並滿足人類需求，但是企業也能夠成為有組織的知識寶庫以及知識形成的開發者。新型態的企業與顧問之類的專業人士對於如何處理知識都學有專精，譬如如何蒐集現有知識，以及如何把知識應用在新環境的發展上。

為什麼競爭能夠增加知識?

不同社會體系的效率問題實在很複雜,我們在此將焦點集中在「知識形成」這個單一的層面上。

各種社會裡的任何機構,在面對未來發展的不確定性時,這些社會單位都面臨著應該如何自處的問題。這不確定性可能是客戶偏好,或是原料、設備或勞工未來的價格,不過也可能是一般的技術和經濟發展。市場經濟最重要的特點之一是它讓人們能夠進行試驗,個別公司能夠試驗各種達成目標的方法。有些會失敗,並且在激烈的競爭中碰壁,但是有些則能夠找出絕佳的解決方案,讓公司業務蒸蒸日上,並且日益擴大。不過市場中大部分的公司都可以效法成功的企業,只要去參觀他們的工廠作業或從這些公司挖角過來,就可以學習成功企業的生產模式,這會使成功企業的經驗在業界變得眾所皆知。

不過吸取他人經驗的做法並非現代企業主管或顧問的點子,這一向是知識形成的基本策略之一。瑞典歷史上有兩個時期正是成功應用這個策略的良好典範。其中之一是十七和十八世紀初期的強權時期(Great Power),那時候許多瑞典軍事工程是積極參與歐洲持續不斷的戰火,他們協助一方建立防禦工程,接著可能會到另外一方去幫他們研究如何攻入這個防禦工程。當這些工程師回國之後,自然也帶著最先進的防禦工程技術,並將此貢獻給瑞典軍隊。

另外一個時期是在工業革命的初期,那時候瑞典積極向外國取經,譬如瑞典的採礦工程師會研究英國的現代鋼鐵生產流程,並且成功的把他們學得的技術和現有的知識和技能結合在一起。美國製造業在二十世紀初期發展起來的現代製造作業模式,瑞典產業界也很快就吸取這樣的知識，這也是為什麼瑞典企業在美國得以立足的原因。瑞典企業起初在美國市場是販售鋼鐵和鋼鐵產品，但是他們發現到美國發展起來的新生產技術和工業革命的搖籃——英國大異其趣。正因為瑞典企業早期在美國市場的經驗，才能夠讓瑞典企業比其他歐洲國家更早引入最新的技術。

這些例子告訴我們一個非常明顯的結論：學習並不只是獲取第一手經驗而已，能夠從其他人的經驗學習，並且從而建立起自己的知識，這樣的能力是人類和社會發展最重要的資源之一。

知識儲存

因此我們可以知道，個人知識的累積並不是只靠自己的經驗和知識而已，其他人的經驗也能夠儲存、傳遞、解讀並透過不同的管道加以利用。而且，人們也可透過不同的方法擷取他人的經驗和知識。不過這讓我們想到一個問題，當我們說個人可以擷取某些種類的知識或是經驗時，到底是什麼意思？事實上，這可能是指很多不同的事情，要看我們所談的是哪種「知識」。許多知識（其實嚴格說來只是資料而已），是蒐藏在書籍和雜誌裡，或是 CD-ROM 和錄影帶之類的產品中。透過不同的管道以及設備，我們能夠輕易擷取這些資訊。不過有價值的資訊和知識也能夠深藏在個人的腦袋裡，同事可說是最方便的知識來源，由於都在同一家公司或機構做事，因此他們具有的知識或資訊很可能和我們的工作息息相關。然而我們所需的知識可能也在以前的同學、客戶、供應商、顧問或是競爭對手手中，有時候（其實應該說經常）公司各個單位在重要領域的經驗，可能讓他們掌握一些對我們也很有用的知識。

我們能夠傳遞、轉移、接收、解讀和使用其他人所獲得的知識，並且將其應用在不同的處境，不過問題是能夠做到什麼樣的程度？

接收者的能力

瑞典著名的商人約蘭・約蘭森(Göran Göransson)在同事的協助之下，成功的發明貝瑟摩煉鋼法(Bessemer process)，並且成立 Sandviken 鋼鐵廠，因而聲名大噪。瑞典大部分的鋼鐵產業技術據說大多是取自外國——尤其是英國，不過約蘭森怎麼能夠利用取自英國的知識？主要是因為瑞典人已經具備先進的煉鋼技術，他們知道自己有些什麼樣的問題待解決，因此也知道需要找哪方面的知識來彌補自己的不足。由於已經具備知識的基礎，他們也就能評估英國已經開發出來的技術是否適合解決他們碰到的問題。

其他到英國取經的業者如果缺乏同樣的知識背景，那麼可能也學不到什麼。我們能夠利用他人經驗的程度稱作「接收者能力」(receiver competence)，這可以定義為不同能力的組合：辨識知識傳送方並和對方建立起接觸、接收及了解訊息、評估訊息、考慮所接收的訊息和自己的處境有何相關之處，最後則是實際應用這些經過解讀的資訊。

幾年前有一篇很有趣的文章，作者柯函(Cohen)和李維碩(Leventhal)指出，接收者能力當中最重要的元素就要屬「先前相關知識」(prior related knowledge)。他們的意思是說，要想了解某個人經驗的重要性，你得自己也具備類似的背景才行，這樣你才能夠把這些經驗和自己的處境相比較。「先前相關知識」對接收過程的每個階段都很重要，這對你理解他人的經驗、從而加以解讀、評估，到最後加以應用，都是很關鍵的元素。如果我有幸接受西洋棋大師或是諾貝爾醫學獎得主的指導，至少我在事前應該具備一些西洋棋或是醫學的知識才行。我們小時候大概都有類似的經驗：不理會父母親或年長者的勸告，結果後來才發現應該聽從他們的苦口婆心。不過現在回想起來，或許我們也能夠理解為什麼那時候會如此無知，如果那時我們有相關的經驗或是適當的知識架構，或許就會聽從長輩的勸告了。

因而，能將他人傳遞的資料加以解讀與評估，成為接收者能力中重要的一環。

正式教育以及接收者的能力

我們強調了個人累積知識及個人吸收他人經驗的重要性，不過我們從學校、訓練中心或是大學接受的正式教育又如何呢？勞工市場不管是什麼領域都要求員工必須具備某種程度的正式教育，而且教育程度的標準越來越高。不過會不會是社會對於文憑有盲目的崇拜，而其實業者應該更加著重員工是否具備更豐富的各式經驗才行？側重理論派知識的學校，在知識形成的過程中又扮演著什麼樣的角色？

有人說正式教育和廣泛經驗其實並不衝突，相反的，這兩者是一種互補的關係，不過這樣的說法在各界依然有很大的爭議。如果我們看看專業技術學校和其他職業訓練課程（譬如護理等等）所傳授的知識，就會了解到這些課程的理論派內容堪稱集專業知識之大成。這些教育機構將既有的顯性知識整個匯集起來，並且以模型或是圖表來解說因果關係，這對於知識形成極為重要，而且能夠支援個人的決策過程。這些大學和專科學院所教授的模型和圖表雖然相當抽象，但是當學生踏出校門，他們幾乎每天都會在工作上應用到這模型和圖表的知識。

而且，這些理論派的教學讓我們獲得足夠的專業知識，能夠和其他教育背景類似的人溝通。如果對方沒有類似的教育背景，很難想像醫師、生物科技學家或是電腦網路專家要如何迅速、精簡的和對方溝通他們的問題或提案。正式的教育可視為攸關於學習能力以及是否能夠順利應用他人經驗的一項重要元素。

儲存的知識和產品創新

我們在討論發展過程的時候強調利用現有知識的重要性，可能會有人對此不以為然，認為這應該大多是在不需要什麼創造力的狀況下，相反的，如果在需要大量創造力的情況之下，就算有豐富的知識寶庫也不見得有用。

其實不然，當創造力或創造新價值的壓力高漲時，把現有知識應用到發展過程中更顯得特別重要。有篇討論經濟議題的科學性文章指出，需要大量創造力的開發過程中，利用既有的儲存知識更是不可或缺的重要環節。

以往人們普遍認為，線性流程是以研究作為開頭，發展到最後的成果是「創新」。當研究方面的問題一旦獲得解決，開發和設計的流程會隨之展開，要是發展順利的話或許會設計出一套原形。然後會經過測試，廠商會接著計劃進行全面性的試產，下個步驟就是生產、銷售以及行銷。根據這樣的模型，研究不只是創新過程的第一步，也是不可或缺的。

根據納森・羅森柏格(Nathan Rosenberg)和史蒂芬・克蘭(Stephen Kline)的理論，研究不一定是創新過程中的必要步驟。從客戶的角度來看，他們才不管企業或機構是否進行研究這個步驟，重點在其產品或服務應該為他們解決問題。當然第一步應該是考慮有哪些現成的知識可以利用，如同我們先前所說的，這些知識可能存在競爭對手的公司裡，或是顧問公司、專利產品、書籍，甚至於近在眼前的同事。某個領域中已經存在的知識有各式各樣的應用途徑，只有當各種應用模式枯竭了，才需要動用到研究這個步驟。現有、儲存的知識也是創造新知的重要元素，這樣的例子在瑞典的創新歷史上歷歷可見，不只是瑞典著名的商人約蘭・約蘭森創建 Sandviken 鋼鐵廠的成功事蹟而已，還有 SKF 創辦人史文・溫奇斯特(Sven Winquist)，他並未「發明」滾珠軸承(ball bearing)，而是身為一名生產工程師，他對於老是使用舊型的傳輸系統非常不滿意，加上他具備很深的知識基礎（也就是他對於這項產品的技術、應用以及競爭對手的產品都非常了解)，因此可以對這項產品加以改良。

利用既有儲存知識的不只是這些單純想要找出技術解決方案的人，還有價值創造過程、財務、行銷、人事行政等等各個部門的人都是如此。能夠在商業市場上一舉成功的創新產品並非是個別精英一人的成就，而是將一連串看起來不是很重要的改良加以整合的結果，導致產品售價能隨之下降，產品的品質、安全性等表現也都大獲提升。就好比在第二次世界大戰剛結束時，電腦的使用並不普及，沒有人能夠預測出電腦日後體積會越來越小、價格會不斷的下滑，容量也大為改進，因而造成現今電腦深入到工業國家每個工作場所及幾乎每家每戶的局面。這一切是全世界成千上萬名電腦工程師一點一滴的改良成果，由於各種電腦使用者的需求不盡相同，這些工程師必須利用自己既有的知識並利用人類網絡來取得更多的相關知識，才能夠成功的協助客戶解決問題。

就算是在學術研究這個領域，以既有知識為基礎架構，從而出發探索新的知識泉源也是很重要的課題。研究是產生知識最有組織的體系，不過這也是所需條件最嚴苛的一部分，人們必須釐清相關領域的知識並在既有知識的架構上建立起新知。

隱性和顯性的知識

我們討論過利用他人經驗來形成知識的重要性，這是假設雙方能夠彼此溝通經驗之談，我們並未討論到經驗傳承的程度以及可能付出的代價。因此我們在此要介紹隱性知識(tacit knowledge)，這個概念在經濟及社會學中所占的地位越來越重要。從我們的角度來看，討論隱性知識有兩個主要的原因。其一，人們是否能夠從他人的經驗取得借鏡？如果可以的話，又是如何吸取他人的經驗？這些問題和知識的本質有直接的關聯。第二，我們先前已經提過這個議題，就是資訊科技這個領域的發展使得人們能夠便宜、迅速的利用各種媒體傳播數據。

說得簡單一點，我們可以說西方對於知識的看法架構在兩個傳統之上。第一，透過同樣的符號，知識能夠在各個機構或是人與人之間輕易的交流，重要的知識能夠輕易的轉化成符號標誌，並且讓別人都能夠很輕鬆的了解。說得更簡單一些，這方面的知識觀念在英語系國家非常普遍，不只是對教學形成很大的影響，並且深入公司內部的學習與公司之間的彼此觀摩模式。

第二個傳統強調的是知識的「隱性」層面，這種隱性的知識不易以符號記錄或在人們之間傳播。匈牙利科學家和哲學家波力安尼(Mikael Polyani)致力於宣揚這樣的概念，他著有《隱性層面以及個人知識》(*The Tacit Dimension and Personal Knowledge*)，對於隱性知識的宣揚不遺餘力。我們還可以把這個道理說得更簡單一點，波力安尼曾經這麼說過：「我們說得出來的是顯性的知識；我們知道，但是說不出來的則是隱性的知識。」

波力安尼為其大作《個人知識》(*Personal Knowledge*)所選的書名很有意思。知識是很個人的，我們對於他人提供的資料或資訊能夠了解多少，和自己的經驗、態度及價值觀息息相關。如果我們以一個簡單的象徵來說明隱性知識的概念，那麼我們可以說這是一種整體的自我經驗。

波力安尼利用游泳來舉例說明隱性知識的本質。你不能光靠看游泳指示手冊就學會游泳，這要靠手腳、呼吸的協調，而且唯有真的下水練習，你才可能學會游泳的訣竅。打網球則是另外一個很好的例子，這也是人們需要經過不斷的練習，才能夠加強有意識及潛意識的協調動作與反射能力。這當中的確有些原理可供記錄與傳承，譬如說「一腳在前，一腳在後」、「把球丟高」、「揮拍之後爆發力要強」等等，不過肌肉的協調只有靠訓練和不斷的練習才可能達到理想狀態。訓練課程中，已經具備這項能力的教練能夠指導學員如何從事這項運動，甚至糾正學員錯誤的動作，因而能使學習的過程事半功倍。

我們對於世界的理解

我們對於分析、解讀以及理解知識的能力與知識的本質息息相關，就算不是對全世界的知識都瞭若指掌，至少對於和自己公司或是機構相關的知識要能夠掌握。不管是在職場或在商界，我們都必須了解自己的行為和其影響所及之間的關聯。

如果我們接受所有重要知識都很容易以符號編碼和簡化的論點，那麼必然也會相信現實世界很容易理解的說法，只要蒐集、解讀相關的資料就可以了。此外，如果我們也相信人類的行為模式有其基本規則可循，譬如企業管理階層汲汲於擴大公司獲利，或政界人士積極爭取最多的選票，那麼就可以預期這些人未來會有什麼樣的作為。因此，我們自己也能夠很輕易的推測出其他人會有什麼樣的舉動，以及對我們的行為會如何因應。不過如果我們假設自己可以推測別人的行為模式，那麼理所當然自己可以預測自己的行為。如果我們接受這樣的假設，那麼以邏輯推斷，我們就是住在一個完全可以預測的世界，而且是一個完全決定論的世界。

我們都知道現實的世界並非如此。我們對於世界的了解面臨著許多問題，基本上，這些障礙有兩個層面：第一，要了解當前局勢本身就具有非常高的複雜度，第二，預測未來發展更是困難重重。好幾十億的人都面臨同樣的抉擇：去哪兒工作、工作的所得多少、要不要接受更高等的教育、要不要結婚、要不要生小孩、如何投資理財、或是要買些什麼產品或服務等等。而且不止於此，人類還有整體的決策要面對，譬如政府、國會、中央銀行、大型財團等等，光是這些問題就讓經濟議題異常的複雜。我們在此必須談到另外一個層面，事實上，上述各式各樣的抉擇並非我們個人可以獨立決定的，而是受到我們對別人可能怎麼做的推測左右。當我們在面臨某項抉擇的時候，和這件事情有直接或間接影響的人都會影響到我們的決定，我們會推測這些人的舉動，然後根據這樣的推測來作出自己的決定，決策本身是個非常複雜的過程。就算如此，我們還是沒有考慮未來發展的不確定性，我們在作決定的時候大多期待能對未來有所影響，而且是基於對未來的推測來下決定。不過我們根本無法預測會不會發生天然災害、有沒有新的突破性科技出現、市場上會出現哪些新的公司，或者政治面會有什麼不同的變化。就算是新產品問世的期限已經箭在弦上，我們也不見得對客戶的反應有多大的了解，更不用說競爭對手可能如何因應。

這表示經濟體中的參與者無法作出完全理性的決定，這可以稱作「有限制的理性」，也就是一種「事後諸葛」的部分理性。

隱性知識轉化成顯性知識的過程

我們前面介紹過隱性知識的概念，也就是「只可意會，不能言傳」的知識。此外，我們也強調利用現有知識及吸取他人經驗對於知識形成的過程有多麼重要。令人玩味的是：隱性和顯性知識到底應該有什麼樣的關聯？如果所有重要的知識都屬於難以傳遞的隱性知識，那麼又何苦去研究知識傳遞、標竿學習或「效法典範」的議題？如果知識能夠傳遞，那麼標竿學習又在這裡扮演什麼樣的角色？讓我們先看看日本企業經濟學家野中郁次郎(Nonaka)和竹內弘高(Taakeuchi)對於知識轉化所開發出來的一套理論，這個理論推出之後立刻受到各界的矚目，「知識管理」學界對其討論更是熱烈。

野中和竹內的轉化矩陣

匈牙利科學家和哲學家波力安尼認為隱性知識和顯性知識不容易釐清。在現實的世界中，這兩者會彼此轉換和互相支援。隱性知識能夠轉化為顯性知識，反過來顯性知識也能夠轉化為隱性知識。野中和竹內根據這個理論加以衍生，他倆所著作的《創新求勝》(*The Knowledge Creating Company*)中的大部分研究成果都是根據他們所謂的「轉化矩陣」(transformation matrix)為基本架構，轉化矩陣說明隱性知識和顯性知識互相轉化的過程。

野中郁次郎和竹內弘高表示，知識的轉換有四種：第一是從隱性知識轉至隱性知識，第二是從隱性知識轉換成顯性知識，第三是從顯性知識轉換到隱性知識，第四是從顯性知識轉至顯性知識。

從	轉換至：顯性知識	轉換至：隱性知識
顯性知識	結合	內隱化
隱性知識	外顯化	社會化

一、社會化

分享或是傳播經驗，從而產生新的隱性知識（譬如技術技能或是心理模式等等）的過程就叫做社會化(socialisation)。這種隱性知識的傳播無須言傳，可以透過讀書、觀察和模仿，好比學徒制就是這樣，學徒會觀察、模仿師傅的技能。大多數職場的知識可能都是以這種方式傳播的。非正式的腦力激盪訓練，或創新過程中生產者和使用者之間的互動也屬於這種知識轉換的例子。不過我們要在此提醒各位，這兒所說的「社會化」和社會學或教育沒有關係，而是指個人適應新階段的生活，好比說開始工作（在政治界學當中，這是指企業變成國營的轉變過程）。

二、外顯化

隱性知識轉換成外顯概念（譬如暗喻、類比、名詞、假設、或是模型）的過程就是外顯化。根據野中郁次郎的說法，外顯化的過程在新知的創造中扮演關鍵地位，在這樣的過程裡，隱性知識得以轉化成為新的顯性知識。在資訊科技的領域裡，這樣的過程自然攸關著生產、設計和模擬等環節中電腦使用的成功與否。

三、結　合

把資料庫、出版刊物、文件以及電話談話等外顯來源的各種知識結合起來，往往能夠激盪出新的知識。顯性知識各項元素的結合會為新知的產生建立基礎，根據野中郁次郎的看法，這是大型企業中階主管常用的知識生產方式。傳統學術界（譬如撰寫博士論文）也是結合各種不同顯性知識的成果。

四、內隱化

這是顯性知識轉化為隱性知識的過程，如果顯性知識是以圖片、圖表、手冊或是以敘述的方式來呈現，會對這個過程更有幫助。手冊和指南往往是企業用來呈現其專業的重要寶庫，而且每個人都能夠取得這樣的知識。如果電腦出了問題，那麼我們可以打電話給電腦服務公司求救，當工程師了解我們的問題之後，就可以把關鍵字輸入電腦，不要幾秒鐘就會找到標準的解決流程，而且這種流程是以往已經應用過，經過事實證明有效的方法。如果這方法行不通，那麼他們還有許多專家可以協助這位工程師來回答客戶的問題。不過內隱化不只是重複利用已建檔的昔日經驗而已，模型、假設和因果關係也可以內隱化，譬如，企業也可以利用這個過程來讓員工更加了解、認同公司文化。

認知心理學

野中郁次郎和竹內弘高的這套理論主要是討論隱性和顯性這兩種知識彼此轉換的各種可能性，特別是這種轉換過程的外在模式，但是這兩種知識是否彼此有很大的差異？如果沒有的話，這兩種知識的轉換過程要如何產生？如果我們想要討論這些問題的話，就勢必要從其他的領域切入剖析（主要是教育和認知心理學）。

許多教育措施都是根據大衛・柯柏(David Kolb)的試驗學習理論所發展出來的，毫無疑問的，柯柏的這套理論也激發出其他許多不同的理論，譬如學習週期(learning cycle)和學習迴路(learning loop)。我們對於這個世界的知識和認知是一步一步逐漸形成的，透過實際行動的試驗、討論和許多其他的方法，我們會對現實世界獲得一些初步的了解。我們從經驗中作出結論之後，會對這樣的經驗進行反省，這樣的省思可能會讓我們得以產生概念、想法或有關於現實的模式（這比我們剛起步的知識又更上了一層樓）。有了這樣的見識，我們就有了再向上發展的踏腳石，然後再一步一步繼續往上發展。因此我們也可以說，學習是研究慾望、知識基礎、實際行動，以及我們對於行動結果的剖析等各個元素交互發生作用的過程。

瑞典著名的心理學家皮亞傑(Jean Piaget)對於個人在各年齡層和能力之間的關係有很深的研究。在這個領域裡，皮亞傑也對轉換機制多所描述（也就是認知系統從低階往上發展的開發機制）。然而皮亞傑大多把個人視為處於社會真空狀態，不過新皮亞傑學派人士則認為個人學習是個人和其所處環境互動的結果，這種互動會產生回應，而個人的行為模式也會逐漸成型。

個人能夠透過兩個方式接收這樣的回應：累積(accumulation)和調整(accommodation)。簡單的說，我們能夠把「累積」解釋為我們在解讀架構的配合下，對於所獲取和剖析的新資料的接收程度。不過如果我們的解讀架構一開始就是錯誤的，而且也無法整合我們獲得的新經驗，那麼我們勢必要對既有的解讀模式進行調整，否則就無法從經驗中學得什麼東西。

客觀化(objectivisation)這個理論和新皮亞傑學派解讀模式之類的概念有著密切的關聯。「當先前（積極的）主觀物體變成（被動的）客觀物，知識也能夠更上一層樓。」這聽起來是不是很複雜？讓我們看看皮亞傑所提出的例子，然後從個人「自我」的觀念開始談起。當小孩開始對自己有感覺的時候，他對自己只有單一層面的認知，不過隨著年歲漸長，他會逐漸體認到自己在不同的地方有著不同的角色，譬如他是家裡的一份子、幼稚園的學生、學校班級的成員或是足球隊上的隊員等等。如果個人從自己所屬的某個環境來思考，他們能夠以該處境所扮演的角色把自己客觀化，也就是說，他們能夠形成新的因果關係、打開新的視野，以及對於各種邏輯結構或關係建立新的假設。

「規範水準」(regulation level)這個名詞也和學習這個議題息息相關，當我們剛開始學習某項新的事物時，需要最高的「規範水準」，譬如人們剛剛學開車的時候就是這樣。不過當人們對於開車已經駕輕就熟的時候，就不用這麼做，因此「規範水準」就可以應用在別處。

經濟學家小池和男對於學習理論中變化(variation)的重要性多所著墨，而上述觀點和他的理論更是不謀而合。這讓隱性知識與顯性知識兩者之間的關係驟然突顯起來。隱性知識與顯性知識兩者並非一定是極端對等的關係。某類資訊或知識無法以編碼方式記載，可能有幾個原因可以解釋：個人或許觀察到某些事物，但是卻沒有特別注意到，甚至於當觀察的動作結束之後，他們對該事物的認知也隨之消失；就算這個人有意識到所觀察的事物，但是如果缺乏基本的知識，這些印象也不會留在腦海裡頭，因此也不能進一步的進行處理。如果這個情形獲得改善，這個人心理已經具備基本的架構，那麼就能夠吸收新的刺激，並且結合新舊的經驗。或者，如果這個人建立起一套能夠支援新觀察結果的模式，那麼他也就能夠接收新知、技能，或加強認知和熟悉的程度。

知識的編碼

現在讓我們回到「隱性知識」是否一定無法言傳以及隱性和顯性

知識兩者之間是否一定存在著無法跨越的鴻溝這兩個問題上。至於本質是可以編碼的知識，為什麼不能立即進行編碼與溝通？我們可以幾個原因來加以說明。

第一，心理和教育理論顯示，觀察得來的知識如果未曾在心理模型(mental model)當中生根，可說是根本不可能言傳。個人觀察得來的知識如果和心理圖表(mental diagram)整合的程度越高，就越容易進行編碼。因此，隱性知識和顯性知識之間的「壁壘」不只是在編碼的問題（也就是讓知識能夠足以和外界溝通）上而已，把觀察所得轉化成有結構的知識要素過程中的各個領域也和此息息相關。認知程度或是心理模型的開發程度越高，個人就能夠越順利地接收和了解新的觀察所得，並且隨之接著進行編碼。

第二，知識編碼和個人心裡思考的過程及（或）處理所需時間(elapsed time)有著密不可分的關係。我們只要想想看，就算只是在A4大小的紙上打些最簡單的文字也要花上幾分鐘的時間。由此得知，就連最簡單的文字型態也需要一些時間，那麼如果我們處理的知識沒有這麼簡單，其編碼的過程自然更需要思考和努力。我們之所以未能將某些知識進行編碼，並不是因為其本質屬於無法編碼的知識，而是因為從一開始我們就受困於時間和資源，才無法把所有我們知道的事物都進行編碼。當有需要的時候我們會對這些事進行選擇和說明，正是因為這樣的現象，人類對話才會成為知識轉移中珍貴的工具。對話中包括了資訊的編碼與解碼，還有雙方的選擇與評估哪些資訊值得編碼和溝通的過程。對話並非光是一種溝通的管道而已，它也是一種搜尋的工具，以及評估和解讀某人經驗的方式，好的對話能夠把談話內容導引到所有參與者都認為有意義的方向。

第三，雖然有些種類的知識很容易以低廉的成本進行編碼，但是個人可能會覺得自己對此並無進行溝通的興趣。這個層面往往受到教育導向的研究人員忽視，他們沒有注意到學習和知識轉移中有關於興趣和權力的層面。一個人的社會地位和財務狀況往往和其所擁有的獨門知識或見解有著密不可分的關係。如果把這樣的知識和別人分享，可能會對他們的生計造成衝擊。

不過我們假設知識的傳播對於大部分的企業或社會而言都是有益處的，這麼一來，知識的轉移就不是教育的問題，而是能否提供誘因，說服人們和他人分享自己深藏不露的知識。建立這種機制堪稱為有效進行知識轉移過程當中最重要的層面之一，但是卻往往受到心理學、教育領域或商管書籍的忽略。

模　型

我們前面提到人們無法事前預測自己行動會有什麼樣的影響，現在就讓我們再回頭談這個問題。與其針對每個決定都設定「客觀的」情境分析，不如我們為決策設立經驗法則(rule of thumb)。為了要釐清不確定性和因應情勢的處理方式之間有何關聯性，我們可以採取丹麥研究人員恩斯・雷慕森(Jens Rasmussen)所提出的分類方法。

當我們接收到外界訊息時，這些外界訊息多多少少會自動引發一些反應，這是不確定性中最簡單的模式，這個情況裡的工作非常容易自動化，因此也比較少見。另外一種則是人們對於例行事務的反應，也就是說在某種情況下會採取某種行為的模式，許多公司會把目前碰到的問題分類，然後把解決方案標準化，這種做法尤其以顧問公司特別常見。不過，這裡的問題是應該用哪些解決方案來配合哪些狀況?

至於不確定性和複雜性的問題就更重要，我們有一套根據現實模型(model of reality)建立起來的行為模式，這裡所說的「模型」這個名詞，不同的作者和不同的領域會有不一樣的意義，譬如這跟 Fiske 和 Taylor 的圖表概念就非常類似。根據個人或團體從外界接收到的訊號及某個特定的情況，問題狀況的模式能夠就此建立起來，並且對行為和結果之間關聯的重要性加以界定。根據這種或多或少經過簡化的現實模型，我們繼而能夠對因應行動加以規劃。

現代的企業管理階層往往希望員工能夠全盤接受他們的模型和理想，期望員工利用這些模型或情境分析作為自己決定和行為的準則。這些模型或許包括了公司的經營理念、客戶的實際需求、不同市場的需求會如何形成之類的資訊，但是就算它們過時了，這些模型卻依然不會有所動搖，因為要改變參考架構是件昂貴、耗時的事情。此外，我們也別忘了，有些高層主管對於保存某些企業模型或對於現實的解讀，會有個人的（甚至是財務上的）利益存在。企業對於個人知識所設定的高價值可能端視公司採用什麼樣的現實模型。同樣的，地位和權勢也是很重要的一環，這對於改變、調整解讀架構有很大的影響力。

經濟、軍事和政治等層面的歷史軌跡充分顯示出，如果所採用的現實模型和實際狀況不符合的話，不但企業可能會就此關門大吉，甚至國家或整個帝國都可能因此而衰敗。這些模型在獨裁領導者的手中往往成為他們妄尊自大的屏障。帝國或獨裁者妄尊自大、以為自己的國防線牢不可破，低估競爭對手和敵人的能力，並且自以為了不起，這些都會讓領導者無法認清局勢，忽略民間或屬下的不滿，就算兵敗如山倒，甚至敵人不斷占上風等局勢明明白白的擺在眼前都無法讓他們睜開眼睛。美國歷史學家塔其曼夫人(Barbara Tuchman)在其著作《愚蠢進行曲》(*The March of Folly*)中列舉許多例子，傑夫・提保斯(Geoff Tibballs)在《企業致命傷》(*Business Blunders*)的書中對這現象也多有著墨。資訊如果和人們已經建立起來的心理形象、模型或圖表不符合的話，往往會被忽略或是徹底被排斥，這經常會造成災難性的後果。

典範的指引力量

我們談了許多模型的議題，這對人們向典範效法的議題有些什麼影響？

一開始，我們必須承認，光是觀察別人作些什麼就能夠讓我們獲益良多。不過我們能否理解這個典範為什麼以某種方式做事的原因更是重要，唯有這樣我們才能夠體會對方行為的邏輯，並且判斷能否從中吸取到自己有利的經驗。這和一味模仿不同，因為你是從仿效的對象獲取靈感，從而對自己所面臨的問題找出解決方案。要順利進行這樣的知識轉移過程，我們就必須了解對方採用哪種現實模型，也就是引導他們做出某種決定的邏輯思考，關鍵要素是哪些，以及行動和結果之間的關係。我們接著能夠進行比較，看看這跟自己的心理模型或所處的狀況有何異同，並且架構起新的行動計劃。如同加納・愛克略夫(Gunnar Ekelöf)所說的，費點心力去了解所仿效對象所採用的現實模型和思考架構，這樣個人才能夠從他人的經驗裡看到自己。

儲存的知識和理解自己的工作

我們憑什麼說向他人的經驗借鏡，能夠協助我們了解自己的工作及其中的問題所在呢？當我們將他人的經驗和自己比較時（假設他們是良好的仿效典範），在認知層面會有什麼樣的變化？

我們可以把自己想成教堂司事或牧師，就像瑞典著名作家斯特林堡(August Strindberg)在《紅色房間》(*The Red Room*)第一章所描繪的情況一樣：主角阿維得・佛克(Arvid Falk)站在斯德哥爾摩南部的高地上，俯瞰城裡教堂的尖頂和傾聽教堂鐘聲。我們這位教堂司事可能會想不通為什麼人們會受到別的教堂鐘聲的吸引。如果別的教堂引起他的注意，那麼就算再遠他也會去一探究竟，看看教堂高聳的圓形屋頂，聆聽牧師的講道，甚至於可能和該教堂的司事或牧師晤談一番，好好了解一下他們到底是如何搖出比較好聽的鐘聲和構思他們的講道內容。如果他下了這些功夫，那麼很快就會了解為什麼自己的教堂會這麼不受教友歡迎了。

故事中的這位教堂司事透過觀摩其他教堂的做法，無形中把自己教堂主觀的地位客觀化了，這樣他能夠從外界的角度來看自己的教堂，比較這個教堂和其他教堂的鐘聲有何不同，或教堂圓頂和別的教堂又有什麼差異。換句話說，他從全新的角度來觀察自己的教堂，不管是有意識還是潛意識，他都會吸收到新的資訊。他能夠藉由這些資訊來進行因應，也就是說他會重新思考自己的做法，想想自己的教堂有哪些能夠吸引教友或者有何令人反感之處。他跳脫原有的處境，以全新的角度來分析自己的工作，這樣讓他能夠對新的現實模型加以因應。和別的個體進行比較的過程中會激發出不安的情緒，這也會影響到個人的渴望程度和意願。

當然，就算不和他人比較，我們也能夠對自己的工作和其中的缺點進行了解。例如，我們可以和客戶討論我們的問題，這也不失為一個好辦法，我們照樣會得到答案，不過這個過程要耗費很長的時間。如果能夠跨出既有的定位，從全新的角度來衡量自己的工作，我們或許能夠發現到以往未曾注意到的層面。這麼做能夠讓我們增加和外界互動的機會，獲得更新的見解，並加強我們自己的理解，接著學習也能夠加速進行。

知識的轉移

各式各樣的書籍著作對於知識轉移這個議題有什麼樣的剖析呢？1990 年代知識和能力這些議題越來越受矚目，各種相關著作也如雨後春筍般的出現。不過很不幸的是，這些書籍都追隨某個特定的趨勢。組織理論長久以來的發展都是以「組織學習」(organisational learning)這套學說馬首是瞻，美國社會學經濟學家阿格利斯(Chris Argyris)的著作正是以此為其立論的依據。企業學習的可能性之一是單路徑學習(single-loop learning)，也就是企業對其營運表現進行評估，並且從而改善，但是也會有雙路徑學習(double-loop learning)或三路徑學習(triple-loop learning)的可能性。而所謂的雙路徑指的是公司根據所處的新環境來進行學習，三路徑則是指他們利用實際的學習機制來學習。

不過「知識管理」這個新的現象已經崛起，管理這個名詞有幾個意思，其中之一是指領導，也就是控制或監督企業知識的形成。不過這個名詞也可以應用在比較廣泛的處理概念上，也就是說知識管理是一種處理知識的流程。

知識管理有兩大流派可以加以界定，這兩派都認為知識的處理對於企業的適應能力和彈性極為重要。不過其中一派把重點放在資料庫管理跟公司能夠如何利用資料庫將策略發揮到最大的效果，另外一派則把重點放在企業裡知識的循環上，以及企業應該如何組織知識的循環。野中郁次郎和竹內弘高有關於知識轉換的理論，在知識管理領域也占有很重要的地位。

教訓學習與同儕團體

這個領域針對經驗法則的研究發展得並不完備。我們這兒說的是最前線的發展（以就是從實際應用和研究的角度來看），在這個領域中，研究界的發展遠遠落在顧問公司之後。不過，「教訓學習」(lessons learned)這個領域卻獲得組織理論研究人員的矚目。

這個名詞有許多不同的解讀，一般來說，我們可以說這代表透過實際經驗所獲得的知識，並且加以簡化，以便和他人進行溝通。有時候「記取教訓」帶有「犯錯」的意味，有些人會以此建立起一套資料庫，另外有些人則以此代表「最好的做法」的意思。不管如何，我們都可以看得出來這個名詞對於企業具有絕對的重要性——各個群體彼此之間轉移知識和經驗的能力。

案例研究通常能夠分成兩大類，其一是根據群體之間某種型態的分析和討論，主要是為了隱性知識的轉移，第二則是外顯編碼資訊的轉移。工作小組、企業單位、公司團體成員能夠招募一個專家小組或同儕團體 (peer group)，從而協助這個過程的進行。

資料庫往往是進行知識轉移的第一步，這是人們能夠從知識寶庫中進行搜尋的利器，因此使用者往往會先在資料庫進行搜尋之後，才進行面對面的會談。不過由於搜尋者對於問題的認識不清，往往會使得資料庫空有豐富的各式案例而無用武之地，有些設有資料庫的公司因此會對內容使用或是擷取資訊進行限制。如果搜尋者不知道自己到底需要什麼資料（譬如不了解自己所面臨的問題、陷入混亂局面），那麼資料庫系統也發揮不了什麼作用。而且，資料庫雖然能夠包羅萬象，但是如果要把每筆資料的相關要素全部列進，幾乎是不可能的任務。當然，從理論的角度來說的確可以這麼做，不過要耗費的成本卻很驚人。搜尋者如果對問題沒有充分的掌握，或是沒有先把前一個問題給解決掉，那麼後面的問題自然也進行不下去。一本專門研究這個議題的書有個很不錯的比擬，它把知識的編碼傳輸比擬成只是一張呈現蛋糕的照片，但卻沒有告訴人家應該怎麼作這個蛋糕一樣。

換個角度來說，這也並非全然是編碼傳輸方式的問題，這和所傳輸的知識類型以及和如何結合親自會晤都有著非常密切的關係。畢竟，有些資訊無需親自會面就能夠傳遞，而且傳輸的成本非常低廉。親自會面需要耗費許多資源，譬如出差旅費、所耗費的時間等等。如果你只有考慮這種方法傳遞的知識品質，那麼很容易會對此感到排斥；但是如果你也有考慮到成本，或是編碼傳輸方式和所應用的環境非常吻合，以及和其他方法配合得天衣無縫，那麼這倒能成為非常有價值與有意思的選擇，或者能跟親自面對面會晤所進行的知識傳輸方式互補。

團體和團隊

一般來說，職場和經濟體中，個人知識和其他人的知識存有一種非常複雜的關係。企業、部門、專案小組、主管機關通常是以相當高程度的專業分工營運。沒有人是萬能的，不可能有人能夠一手把公司大大小小的事物都承擔下來。每個人或團體都有自己必須負責的領域，但是產品製造和將產品推出市面卻不見得是每個人都做得來的。不過，營收對於公司而言是個整體的成績表現，也正因為如此，管理階層很難評估到底是哪個單位、團隊或個人對於公司營運的成功、失敗與否應該負最大責任。這讓無心做事、但卻處心積慮想要邀功的投機者有機可乘。如果有人覺得他承擔了所有的工作，但是別人卻坐收成果，這樣他全心投入工作的意願會大為降低；但是如果每個人都努力工作，個人就很難偷懶。因此團體當中工作組織的型態，大多要看這個團體成員彼此互動的模式（是否團結一致全心為公司打拼，還是一味逃避、推諉責任）。

現代企業充斥著各式各樣的「專案」，他們會指派一個專案小組來負責某個專案的推行，專案小組的成員會齊心協力完成公司交代的任務，當任務完成之後，這個專案小組也會隨之解散。然後這些成員又各自有別的專案任務，許多人手上同時有許多專案。專案小組的用意，在於發揮成員各自專精的才能和知識。不過，專案小組成員必須能夠和彼此溝通，並且對彼此的工作有足夠的了解，這樣才能夠充分地彼此配合。因此我們可以說現代企業專案小組這種型態，是團體成員互相學習非常有效的一種組織。不過我們也必須記得，團體的有效性和創造力對於團體內部或外界的阻撓因素都非常敏感，很容易被打斷。

第四章 企業發展與知識形成的新條件

過去這十年中企業界和經濟體出現劇烈的變化，譬如做生意的方式、規劃、生產、行銷等無不大為改觀，除了這些之外，我們還可以列舉出更多的部分。這樣的變化不但影響到產業界或商業本身而已，瑞典前總理英格維·卡森(Ingvar Carlsson)就這麼說過:「早在 50 和 60 年代剛在政壇發跡的時候，我們大概每隔十年就要處理一回 ATP（瑞典國民年金計劃）的議題，但是現在我們每年都要碰到十回的 ATP 議題。」只要在民間企業或政府部門有幾年經驗的人應該都深有同感。

一般來說，人們工作和商業環境的轉變通常有兩個因素:

1. 企業組織模式的改變和內部作業以及外部關係都息息相關。
2. 近年來資訊科技與網際網路快速發展，並且深入企業和職場每個角落。

美國社會學家卡斯特爾斯(Castells)花了整整三大冊的書來描述資訊社會(Informational Society)。他不但把這個名詞用來形容資訊科技的崛起，也用來說明科技發展造成機構和企業的改變。科技和企業變化的過程從某個程度來看可說是各自獨立的，各有各自的發展邏輯，但是科技和企業變化的過程很顯然的是彼此依存、而且是互補的關係。

資訊科技的日新月異讓企業能夠降低營運成本、讓生產系統更有彈性、並且對於市場需求的變化更敏捷的加以因應。工作組織也會隨著科技的發展而加以調整，才能夠讓公司作業更有彈性以及迅速因應市場變化，並且進而提升效率。不過當組織一旦作出這樣的調整，那麼當新科技的投資繼續增加時，獲利也能夠跟著提升。如果組織變得更有彈性，那麼這樣的投資就能夠發揮最大的效益。因此科技和組織變化能夠彼此激盪，而變化的速度也不斷的向上攀升。

混亂的環境

開放系統學派(Open System School)的理論對這種趨勢多所著墨，這個學派對於組織是一種與周遭隔離的自治機構的說法抱持著相反的看法。周圍環境複雜而且不斷變化的局面叫做「混亂局面」(turbulent)。如果組織的知識管理和周圍環境的依賴程度不高的話，那麼周圍環境的混亂並不會造成太大的影響。不過如果組織對於外在世界的變化非常敏感的話，那就對知識管理會造成很大的衝擊。市場競爭日趨激烈，顧客能夠取得的資訊越來越豐富，而且市場對於透明度的要求不斷攀升，這些要素都使得公司對於周圍環境的依存度越來越高，不管是私營、公營或合作型態的企業都是如此。

面對如此巨大的變化，本書的作者之一遂於 1999 年展開一項調查工作，研究科技和組織不斷變化對於工作生涯的學習會有什麼樣的影響。儘管我們認為這項調查終究會發現工作生涯的學習會受到科技和組織日新月異巨大的衝擊，但是這樣的結果其實並不讓人驚訝。

加速的節奏

不管是產品開發、設計、運輸、庫存處理、生產或銷售等，都拜科技發展之賜，能夠大幅降低延遲的現象和減少前置時間。有了先進的科技，廠商可以緊密的把生產和訂單結合在一起，也就是客戶下單之後，他們才開始生產。同樣的，唯有急需的時候，廠商才需要訂購零件，供應商能夠充分掌握生產商的庫存狀況，知道他們的庫存何時需要補貨。

生產延遲的現象可以大幅減少，「上市時間」(time to market)也能夠大為縮短，而產品的生命週期也會越變越短。當某家公司成功在市場上推出新產品，要不了多久競爭對手也會加以分析、然後推出類似的產品和他們一別苗頭，而且競爭對手迎頭趕上的速度也越來越快。就算享有領先業界的技術，如果一不小心，這樣的龍頭地位很快就會被競爭對手搶走。

隨著節奏越變越快，人類在工作上的學習也出現了令人驚訝的變化。瑞典中央統計局在針對工作環境的年度調查問卷中有這麼一個問題:「除了正式的訓練課程之外，如果別人要來取代你的工作，是否需要任何學習的時間或是在職訓練?」

調查結果顯示，員工接下別人工作所需的學習時間在每個時代都有不同的變化。我們大多假設工作在過去幾年中已經變得越來越複雜，因此必然需要更多的學習時間才能夠上手，但是這份調查卻顯示完全相反的結果。

下圖顯示 1989 年和 1997 年這段期間之內，員工所需學習時間的變化，一般認為這些員工需要大約兩年或是兩年以上的時間學習。初期的確維持這樣的局面，不過後來在 1992 到 1993 年之間，員工所需的學習時間大幅減少。如果看看不同的產業、不同的公司或不同大小規模的工作環境、性別、訓練期間等等，我們會發現勞工市場普遍呈現這樣的趨勢。既然學習所需時間減少，我們很自然會想到這是因為工作複雜度日趨下降的假設結果，但是其實不然。

需要至少三年訓練或是學習期間的比例，1989–1997 年

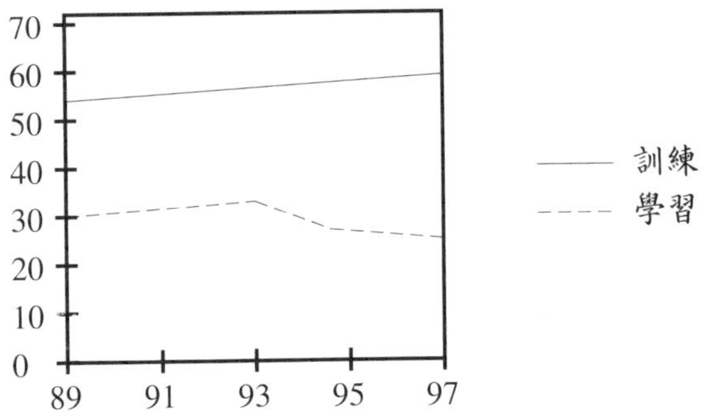

工作的複雜性

有項訪問針對總員工人數超過兩百人的大型企業進行調查，總共有九十六名人事資源經理和招聘人員接受訪問，問卷中要求受訪者陳述工作複雜度日益升高以及學習所需時間之間的關係。問卷也詢問工作複雜度的變化是否會造成在職學習期間長短的變化，譬如需要更長的時間學習、更短、還是不變。

三分之二以上的受訪者都認為，工作複雜度增加的話，所需學習期間應該會變長，反之，認為所需學習時間會隨著工作複雜度增加而減少的受訪者只占全體的百分之三到百分之四而已，因此可知受訪者並不認同工作複雜度越來越低的假設。相反的，受訪者對於相反的看

法一致表示認同。

當然，我們可以質疑這份調查是否對工作複雜度作了適當的定義，但是就算如此，我們還是必須承認工作複雜度的問題大多是個人自己主觀的看法。如果確實如此，那麼我們提到的這份調查就顯示出，過去十年裡工作內容的難度確實越來越高。

以專案小組為架構的新型組織

以往的管理階層只憑一些最適化原則就能夠了解最新的狀況、進行中央化資訊管理以及分配各個部門的資源。不過現在變化的速度實在太快，而且未來發展越來越不容易推測，因此這種做法再也發揮不了什麼作用。現在企業的競爭優勢在於能否迅速適應新的環境，而不是單單對靜態的目標進行最適化（這種做法最終還是會加以調整）。面臨環境不斷變化的挑戰，傳統的階級架構頓然顯得極為笨重無比。在各個部門分得清清楚楚的組織裡，當有某個任務（或是產品）需要處理的時候，A 單位會先接下這個任務，加以處理之後，靜待 B 單位來接手，然後一步一步的進行下去。這種組織在現今這個瞬息萬變的世界裡，競爭力正在迅速流失。專案小組或團體就很適合現在這種環境，團體中各有專精的成員能夠發揮自己的長才，並且攜手合作完成公司交付的任務，甚至可以同時進行多項專案。

我們先前討論過知識形成的議題（也就是個人和他人密切互動所獲取的知識），這麼看來，在瞬息萬變的世界裡，其重要性更形提升。而且現在企業界瀰漫著精簡人事的風氣，如果個人無法團隊合作，參與團隊或單位的發展，那麼在公司裡的位置很可能也岌岌可危。

職場對於新能力的需求也突顯出上述的種種變化。我們前面提過的那份調查中，有個問題是要受訪者陳述最近幾年能力的需求出現哪些變化。訪問結果顯示「社會能力」(social competence)（參考下圖）的需求快速成長，儘管「社會能力」這個名詞的定義並不夠精準（有些人的確因而對此嚴詞批評），但是企業界領袖對這個概念產生了莫大的興趣，這表示我們應該對這現象加以重視才行。「社會能力」之所以會在商業界引起熱烈的迴響，可能的影響原因有二：第一是我們先前提過的專案小組和團隊日漸受到重視，第二則是服務業越來越重視和客戶的直接接觸。

社會能力以及創先能力——過去五年來的改變

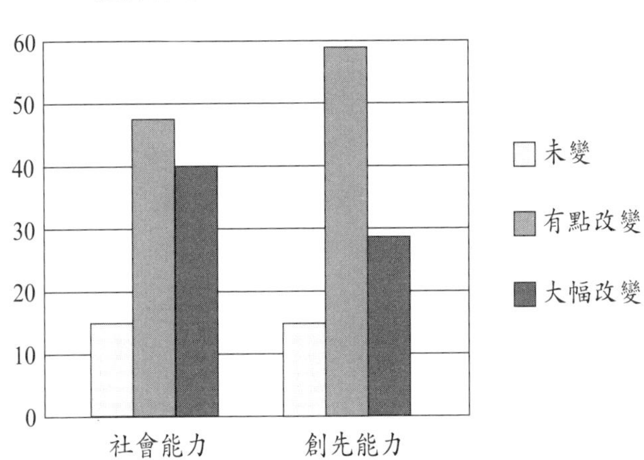

國際性的論著也是如此，對於過去十年中「社會能力」需求快速攀升的現象多所著墨。上述這份調查顯示出一個很有趣的現象，也就是機構對於「創先能力」(initiative)的需求和「社會能力」一樣也在不斷迅速的攀升。這部分是因為中階主管的人數大為減少，企業組織架構日趨「平坦」的影響所致。在新型的企業裡，每個工作人員都有非常清楚的工作領域和責任，公司並且希望員工能夠在自己負責的領域中率先行動，從而加速工作的進程。

從這裡得到的結論可以知道，各種開發專案的成員是否全心投入參與工作是很重要的課題。研究結果顯示，和只有小貓兩三隻的專案比起來，成員普遍積極參與的開發專案能夠交出更亮麗的成績單。為什麼成員普遍積極參與的專案能夠表現得比較成功？有個解釋是說，因為每個人能夠注意到不同的細節，或從不同的角度來看事情等等。和標竿學習專案一樣，這讓團隊成員能夠全盤了解良好典範的作業模式及其經驗能夠如何應用等問題。另外還有個可能的解釋就是團隊裡的平衡，也就是說如果某個開發專案是由少數人操控，那麼其他所有相關成員自然會感到不平。

儲存知識的成長

很明顯的，「儲存的知識」的可用性正迅速的大幅變化。一般來說，有關於這個議題的科學著作在過去十到十五年裡激增一倍，這個數字隨著研究領域而有所不同。這不但表示「儲存的知識」這個領域正以迅雷不及掩耳的速度大幅變化，而且也表示現在所有相關的書籍或是文章，大約有一半都是在過去十年中所出版的。此外，我們也應該把電子出版品（網際網路或其他電子設備所呈現的文章）算進來。

換個角度來說，不管是閱讀文章、了解其他人的經驗或建立和維持網絡，我們的能力都非常有限。試問有多少人現在讀書的分量是十年前的兩倍？可能寥寥無幾。而且在知識爆炸的時代，時間和精力都有限的情況之下，我們現在看的書搞不好還比十年前少，不過我們和人們的接觸卻可能更加廣泛。

由此可知，我們應該如何搜尋、過濾及選擇所閱讀的資訊和可能接觸到的企業、人物或其他組織，已經成為一個越來越重要的課題。

以經濟的角度為出發點，我們必然是深信對方具備某種價值可以貢獻，才會和他們建立起接觸的管道。

以前是什麼情況?

許多書籍著作一致認為現在不管是什麼事情，發展的速度都比以往要快許多，而且複雜程度更是以往所無法比擬。許多過去活躍在商場上的人士(不管是十年前還是五十年前)，也認為現在變化的速度是前所未見的迅速，況且以往環境的複雜程度也從來沒有這麼高過。如果我們面對的是一個迅速陡峭的曲線，那麼可以下結論說變化的速度不斷在加速，只要和過去比較過之後，不管是誰都會認同這樣的結論。我們也可以說現在的混亂局面是前所未見的，這種不斷加速變化的現象在歷史上任何一個時期都是如此。

不過如果老一輩的人也認為自己那個時代的混亂局面是前所未見的，那麼以事後諸葛的角度來說，我們必須承認他們不但安然度過，而且還創造出更「混亂」的經濟體系。這怎麼可能呢?

當然，經濟和社會體系擁有能夠協助人們適應日趨複雜環境的工具。這些工具是什麼呢? 就是更好的基本教育。智慧型代理人(intelligent agent)和搜尋系統的發展讓人們得以使用搜尋資料庫並且對資訊進行篩選。新型態的組織、分權資訊管理、專案組織、終身在職學習，以及工作越來越精密的分工——甚至還有人專門負責篩選、傳遞知識(譬如顧問)，這種種都是最新的發展趨勢，有關於企業學習的理念也在迅速的變化。有鑑於此，我們能夠把標竿學習視為企業學習的新工具，這套工具主要的設計目的在於協助企業以及個人開發使用儲存知識的能力，以期在瞬息萬變的世界中，能夠不斷的自我提升。

第五章

標竿學習與現代知識理論

現在讓我們摘要說明先前所提的學習基本要點，並且看看標竿學習和這些要點的關係。

- 經驗：標竿學習的關鍵要素。
- 變化性：事物的變化能夠鼓舞人們學習和了解的慾望，從而激發創造力，而這正是標竿學習的特色。
- 解決問題：標竿學習的起點。
- 了解：標竿學習的效果。
- 經濟價值的優勢：標竿學習的目標。
- 他人的經驗：他山之石可以攻錯，在標竿學習中，他人的寶貴經驗可作為自己經營業務的借鏡。
- 創新理論：透過標竿學習所獲得的新知有助於創新能力的培養。
- 隱性知識：標竿學習是一種知識轉移的概念，這裡所說的不只是關鍵指標或尚未經過記錄分析的數據而已，一般而言，比較難以言語傳授的隱性知識也能夠透過標竿學習進行轉移。
- 隱性知識轉換為顯性知識：在標竿學習營造的學習環境裡，知識的傳授者與接收者必須將彼此的看法具體呈現出來，並且透過互動來強化對於知識的認知。

- 模型與圖表：標竿學習讓我們了解他人的模式，並從而對自己的商業模式或邏輯概念進行修正。
- 權力：雖然組織裡有些不適任的人極力要維持現狀，以免自己的飯碗可能不保，但是標竿學習是對抗這種狀況的最佳利器。
- 客觀化：標竿學習能夠加速這樣的過程。
- 模型：透過標竿學習，我們能夠重新檢視錯誤或過時的模型，而我們對於現實世界的認知也能夠維持在最新的狀態。
- 集體學習：標竿學習讓企業有機會從不同的角度來看事情，並且加強組織內的凝聚力。
- 接收能力：組織對於問題的分析與典範的抉擇，都是其接收能力的穩固基礎。
- 現實世界的動盪：標竿學習讓我們為世界上的各種變化都做好了萬全的準備。
- 複雜度：標竿學習就好比撐竿跳的人手中所持的竿，沒有它的幫助，撐竿跳的人就無法跳到足夠的高度。
- 加速進程：標竿學習能夠加速學習的進程。
- 策略：標竿學習能夠磨練策略思考的能力，對於公司裡最需要這些能力的階層提供相關的訓練。
- 社會能力：透過團體內部以及和所仿效的典範之間的互動，標竿學習能夠開發出社會能力。
- 創先：標竿學習是一種以行動為導向的教育方式，參與者能夠對自己的創先自由地放手一搏。

這樣看來，現代知識理論的許多疑問都可以從標竿學習獲得解答。

現代企業訓練應該具備哪些條件?

現在我們可以依據情境分析的架構，來說明現代企業開發學習策略所應該具備的條件，接著我們會討論標竿學習與這些要件的關聯，以及標竿學習是否符合現有的職業訓練理論。

一、學習與效率的整合

我們把標竿學習看作一種企業發展與知識形成的概念，既然如此，我們在此必須強調不管是哪種企業學習或職業訓練，都必須有效率的達到目標，並且符合公司或企業的整體目標。此外，公司如果想要永續經營，那麼必然得以知識的形成作為基石，有些公司正是忽略了這些層面而功敗垂成。我們在簡介中就曾經講過，企業管理學說也是在最近幾年才發現知識形成與學習跟企業發展的成功與否息息相關。而且，企業管理理論有關於學習的策略往往過於廣泛，因而流於抽象。理論派學者把組織看作學習的接收者，因而無法將教育學或認知心理學的基礎有效地應用到他們的研究成果中，至於這些學者的學術背景，通常也無須強調競爭力或效率之類的概念。

如果公司沒有考慮到效率如何，就一股腦的進行訓練計畫，即使立意雖好，還是注定會失敗。因此，我們必須將學習和效率加以整合，個人需求和公司整體目標也應該加以結合才行。

標竿學習為這些要素提供了整合的途徑。當然我們先前也提到其他可以結合學習和效率的方法，不過畢竟為數不多，而且仍多處於理論的層面。透過標竿學習的開發，我們也希望刺激各界對於這些尚未落實的理論多加討論與研究。

二、加速學習進程

現代的開發概念必須能夠加速學習進程，以及應付日益複雜的社會。這樣的條件可以用以下幾個細項來說明：

- 提供公司或團體以既有知識來開發新知的工具
- 提供何處尋覓新知的方向或指引
- 讓公司期盼能更上一層樓，而且所定的目標也不會超乎現實
- 促使個人對於自己的工作及其邏輯與脈絡更加了解

這個概念的基礎或許是知識形成理論中最重要的部分——也就是「先前的知識基礎是產生新知識、開發新產品或為新的問題尋找解決方案的起點」。

同樣的，仿效的典範對象能夠提供指引的力量，讓我們找到知識的搜尋方向。利用前人既有的經驗來激發出靈感，這種做法不但有助於知識有效轉移，還能夠影響人們的「渴望程度」：「如果他們能夠辦得到，那我們為什麼不行?」事實上，這個成功的典範不但在理論上站得住腳、甚至在實務上也是行得通的，因此使得仿效對象的資訊價值自然大為提升。

自仿效對象獲得指引之後，從而加以應用，這還有個很大的好處：對於那些有心要改善效率的人而言，這種做法讓他們能夠對即將轉移的知識獲得所謂「接收者能力」。他們已經有了經驗、自己也曾經碰過同樣的問題，此外，他們也知道應該怎麼做才能夠更加進步。這個概念和這個領域的研究成果也是不謀而合。

從別的角度來說，和仿效對象的談話及對他們的做法進行分析，可以讓我們獲得各種不同的經驗，也可說是有助吸收新知的一個好辦法。除非我們對於不同的作業流程或行動和結果之間的關係有非常深

入的了解，否則光是靠自己的力量，我們或許沒有辦法想到這麼多不同的解決方案。但是透過和仿效對象的談話，吸取他們的經驗，並且從而和自己的經驗進行比較，這麼做能夠讓我們觀察的眼界驟然放寬，並且從而獲得新的知識。因此我們可以說，透過標竿學習這種教育方式，我們可以從別人的經驗中獲得借鏡，從而對自己的工作或業務獲得更深入的了解與知識。「從他人經驗中看清自己」這套做法的原則，也可以應用在企業發展與知識的形成上。

回到現代教育和認知心理學的領域，我們認為標竿學習有助於人們從客觀的角度來觀察自己的工作或業務。透過對別人的觀察，我們能夠對自己的工作獲得全新的看法，並且發展出一些假設狀況，然後把這些假設轉換為行動計劃(plans of action)，藉以改善自己的作業。標竿學習讓我們有機會以這樣的方式來客觀觀察自己的工作和業務，我們自己的認知跟所處世界之間的互動也能夠因而大為提升，學習過程因此能夠加速進行。

因而我們可以了解到，標竿學習這種策略的目的，在於讓職場人士對於每天處理的工作邏輯或是關係有更深入的了解。還有另外一點也很重要，標竿學習中非常著重心理模型(mental models)的辨認，我們所仿效的對象會受到其心理模型的影響，而其行為模式甚至可能會受到這個層面的掌控。要是沒有對所仿效對象的心理模型進行深入了解，我們很可能會陷入盲目研究風險裡，而未能了解仿效對象的思考模式和所處的現實環境。換句話說，透過研究仿效對象的心理模型，我們能夠對其行為模式有更深的了解，並有創意的把對方的經驗應用在自己的工作上，而不是盲目的模仿而已。

現在外界環境的變化速度實在太快，前置時間和學習時間越來越短，企業或各種機構勢必對其員工的心理模型多加了解，以便了解他們是否能夠面對變化如此迅速的現實世界。員工的心理模型必須跟得上時代的腳步，如果故步自封，或只是汲汲於緊握著權力不放，不願意對過時的心理模型加以調整，那麼企業或是機構日後勢必要面臨非常沉重的代價。標竿學習這個方法能夠讓過時的想法和心理模型突顯出來，這對於心理社會環境通常會有很好的影響。

外在環境瞬息萬變所造成的另外一個問題——「缺乏評估和反省自己工作的機會」，也能夠利用標竿學習針對某個目標迅速學習、甚至於即時的學習，從而能夠順利獲得解決。

標竿學習提供人們對自己的工作或業務進行省思的機會，這也解釋了標竿管理中某個很常見的現象——這類專案要說服人們眼中的典範加入、並且成為學習夥伴其實並不難，反而是說服發展比較落後的公司批准這類專案比較困難。有個可能的解釋是，好的公司總是把眼光放在所處的周圍環境和現實世界上，而不是在它自己內部的問題，因此對此已有定見。另外，受到同儕肯定所產生的自信也是個很大的影響因素，被同儕奉為仿效典範的聲望讓人樂於成為對方的學習對象。不過更重要的是，就算是他人眼中的良好模範也需要透過標竿學習專案，對自己的經驗加以評估、表達，並透過學習夥伴的發問，才能夠發光發熱。他們在標竿學習專案中必須對自己的經驗加以組織，以方便學習夥伴的吸收，公司則必須對其經驗加以說明、編碼及評估。在顧問和夥伴的協助之下，眾人眼中的模範對自己的工作或業務也能夠獲得更深的認識。

三、全面的參與

隨著經濟的迅速變化，企業與其員工也面臨新的知識形成的需求。我們都看過組織架構階層分明的企業，各個部門和單位的功能分得清清楚楚，但是現在局勢開始出現變化，專案團隊成為企業作業的主流，這類團隊必須在一定的期間之內完成公司所交付的任務，職責界定得非常清楚。即使管理階層中央控管的方式更為先進，資訊管理的權力還是逐漸下放。對於企業中實際執行層面的人員而言，資訊管理分配以及決策責任在大多數的狀況下都是必須的條件。

這樣的改變讓個別員工和最小的生產單位受到前所未有的重視。以往負責決定做些什麼、怎麼進行以及什麼時候進行的中階經理人大多已經消失無蹤。在瞬息萬變的經濟中，公司禁不起時間的浪費，不能等決策在傳統的階級架構一層一層的傳遞，要是碰到兩派意見不合的人馬爭執不下，這個決策就會被卡在中間不上不下，這也是公司無法承擔的風險。為了避免沒有必要的延宕，如何處理問題的決策必須交給實際執行這個工作的人員手中。

經濟環境的瞬息萬變還帶來另外一個很大的影響，以往企業是由高層主管設定長期的策略之後，全體員工便奉行不悖的加以執行，但是這種策略計劃的系統也隨著經濟體的變化而逐漸走入歷史。既然未來如此難以逆料，長期策略就根本沒法執行，比較好的方法是加強公司對環境的適應能力及彈性。不過這並不表示公司各個部門就不用對自己負責的行動進行規劃。不管怎麼樣，人們都必須對自己無法掌握的未來作出決定，因此，公司員工和工作團隊接受策略思考訓練的重要性更加突顯出來。標竿學習正是能夠加強人們策略思考的一大利器。

這種發展還有其他的影響因素，譬如，各界對於品質的要求越來越高，這表示公司必須讓個別員工能夠自行開發自己的能力，並要求個別員工對自己的工作負責。此外，由於競爭日趨激烈以及市場對於透明度的要求變高，提升效率的壓力也跟著不斷增加，這表示生產與品質控制之類的「附屬成本」必須整合在工作流程中，而不是隔離在外。

納森·羅森柏格(Nathan Rosenberg)和史蒂芬·克蘭(Stephen Kline)在他們的產品創新模型中強調，成功的創新產品並非某個天才型的人物憑藉己力所產生的，而是在眾人的努力下不斷改善後，所產生的累積效果。日本知名的經濟學家 Kazuo Koike 也強調由實際執行工作的人員負責解決所碰到的問題，這個論點和納森·羅森柏格以及史蒂芬·克蘭更有異曲同工之妙。把解決問題的決定權交到實際執行工作的人手中，我們在許多實際案例中都清楚看到這種方法確實對公司發展和創新具有非常強力的效果。

不過這也表示，唯有所有相關的人員全心投入，否則發展的過程(包括應用在專案小組或是團隊上的策略層面)就無法有效率的運作。這也有助於團隊成員之間的凝聚力，並且願意為共同的目標努力。如果團隊成員懷疑團隊裡有不公平或偏心的現象存在，這對團隊中的平衡狀態會造成非常嚴重的衝擊，使得團隊成員奉獻工作的意願和熱情大為冷卻，他們的表現也會因此而大打折扣。正因為如此，團隊建立的能力更是顯得格外重要。標竿學習能夠提供非常優秀的團隊建立訓練，其實，標竿學習專案本身就是建立團隊的實際演練。

和良好的模範對象進行比較的時候，把責任交給專案小組全權處理還有個很大的好處。因為當業者和模範比較的時候，往往會產生內部不安的情緒，如果事實證明外界某個人的確做得比我們好，能夠成功的解決類似的問題，而公司還拿這個例子來抨擊內部相關的人員，那麼員工自然會極力排斥，盡其所能的逃避這類的學習過程。不過如果公司把專案的掌控權交給某個小組去放手發揮，那麼不但能夠激勵他們的信心，還能夠激發他們尋求知識的態度，這樣的態度讓公司能夠進而獲得「接收者能力」──也就是了解、評估及利用所獲得資訊的能力。不在其位、不司其事，對於不負責實際操作的人而言，要判斷、評估某個仿效對象的經驗能夠如何應用在公司員工的工作領域上實在很困難。

讓專案小組負責自己的專案也是一項重要的學習輔助。參與的員工透過學習能對自己的工作獲得更深刻的了解甚至極致的體驗，而能到達此地步的人往往將更具自主能力。因此，工作的影響力能否配合新的自主能力十分重要，且公司也應允許員工個人和小組多去嘗試，並避免壓抑個人、行動和結果間的互動機會而產生學習過程中不必要的障礙。

對於積極向外取經的企業而言，標竿學習還能夠促進他們的發展。自以為了不起的管理風格和虛心向外吸取各種經驗的態度是不相容的。要想能夠從他人的經驗中受惠，企業就必須培養出一種富有研究精神以及心胸開放的公司文化。如果團隊成員具有多樣性──譬如成員所具備的經驗、性別及種族背景各異，那麼他們比同質性高的團隊會具有更大的優勢，能夠看到更多有趣的發展契機、而且眼界也更為寬廣。

就算標竿學習專案的大權是掌握在負責的專案小組手中，這並不表示企業管理在這裡的重要性會因此降低。大多數的標竿學習專案，都要靠公司的管理階層設定公司的規章，並建立起企業文化才能夠順利運行。為了加強個別員工自己的發展和參與的程度，公司必須賦予個別員工各種不同的新挑戰。這時候公司對於員工輪調跟交換工作的態度就非常重要。公司是否提供吸引人的事業生涯發展機會？公司的經費是否都花在刀口上？公司是否對有心學習及積極向上提升的個別員工提供實質的獎勵？公司鼓勵員工彼此合作、還是內部人員互相競爭？公司是否和個別員工進行工作表現評量的訪談？如果有的話，他們如何進行後續的追蹤工作？對於有心要追求新知的員工，公司有沒有提供彈性的訓練機會，從而提升學習以及加強應用新科技和作業方法的能力？如果管理階層有心要鼓勵員工的個人發展，可以先試著回答這些問題看看。

標竿學習——綜合的整合措施

目前有關於企業發展和知識形成的討論中，不少人鼓吹高度簡化的單層面理論，隨之崛起的許多論點都強調自己是世人唯一的得救之道。標竿學習很有可能會被人認為不過是這類論點中的一分子，這樣的風險的確存在。不過標竿學習的基本前提在於應用已經存在的知識，我們還是要說，標竿學習是一種綜合的整合措施，就和其他的理論一樣，也有一些重要的元素是和其他的理論類似的。

標竿學習這套理論和其他學說是一種彼此互補的關係，而且其實是能夠同時並存的，這裡所說的其他學說先前都已經提過，其中包括標竿管理、平衡計分卡(balanced scorecard)、持續改善 (continual improvement)、知識管理、行動研究、民主對話(democratic dialogue)、教訓學習(lessons learned)、同儕團體 (peer group) 與一般性質的網絡理論。公司或小組打算處理的事情是個很複雜的問題，不過他們想要處理的問題種類絕對是非常重要的層面。如果公司想要讓員工透過電腦點幾下滑鼠就可以找到有用的連結，那麼「知識管理」的「最佳實作」(best practice)必然是個適當的選擇。如果是比較廣泛的吸取某個領域的經驗，那麼「民主對話」方式的會議是個很不錯的選擇。至於公司是否開發、鼓勵員工學習和成長的能力，標竿學習是個不錯的驗證方法。

標竿學習深受標竿管理的影響，這兩者都強調觀察優秀典範的重要性。不過標竿學習和傳統的標竿管理不同的是，標竿學習並非以和關鍵指標的比較為主要架構，而是進一步和對方接觸，進行對話，並且學習對方的隱性知識，從而以客觀的角度來觀察自己的工作或是業務進行方式，然後對這些作業邏輯所抱持的心理模型進行修改。現在再讓我們回頭看看瑞典著名作家斯特林堡在《紅色房間》第一章所描繪的情況：主角阿維得・佛克站在斯德哥爾摩南部的高地上，俯瞰城裡頭教堂的尖頂和傾聽教堂鐘聲。我們可以說標竿管理就好像從外頭比較這些教堂的外觀和它們的圓頂高度一樣。如果比較過後，主人翁選一家他認為最有意思的教堂走進去，和這教堂裡的牧師、司事或其他人晤談一番，這樣他就是在進行標竿學習的過程。

學習和理解的層面是標竿學習和知識管理的差異之處，至少到目前為止，知識管理的重點在從資料庫擷取資訊，或從有記錄的案例研究中尋找出最佳做法。

就像民主化對話和許許多多的網絡理論一樣，標竿學習的目的在於鼓勵機構或企業的員工普遍參與開發的過程。此外，這些理論多多少少都有強調利用別人經驗的重要性，也就是「從他人的經驗中學習」。在這方面，標竿學習特別著重在向一名或多位良好的典範學習，這些仿效的對象能夠提供某個領域絕佳的做法和經驗是眾所皆知的。由於這種仿效典範透過網絡所提供的資訊絕對具有很大的經濟價值，因此尋找、挑選這樣的模範在標竿學習中是個很關鍵的一環。我們都非常了解，建立網絡這項工作對於所有相關的人員都是很艱困的任務。網絡的建立和維持都要耗費資源，網絡可以促進發展，但是如研究結果所顯示的，網絡也可能成為保守派故步自封的大本營。因此網絡能否對經濟發展或民主化等議題作出正面的貢獻，端視網絡的品質以及網絡中溝通資訊的內容。標竿學習這種方法，能夠保證網絡中溝通的資訊內容必然有其價值。仿效的對象縱然不用達到世界級的頂尖水準，但是一定要夠優秀才行，資訊接收者也是一樣，這樣才能夠順利進行客觀化的過程，並且從而產生良性的互動與規劃行動的野心。

把標竿學習視為一種態度

面對資訊爆炸的時代，知識不斷推陳出新，但時間卻永遠不夠用，我們對於利用「儲存知識」的態度會受到什麼樣的影響？

其中有個可能性，就是搜尋「儲存知識」，從而為自己的問題找出解決方法，這種做法可能是比較恰當的選擇，而不是試圖憑藉自己的力量辛苦的找出解決方法。有人對這種說法不以為然，認為在時間壓力越來越急迫的處境之下，從「儲存知識」中找到適合自己狀況的解決方案要耗費太多的時間，自己摸索解決的方法或許要花比較多的經費，但是卻比較快。如果只注重時間這個元素的話，那麼自己去摸索解決方法獲取會比較快，但是長期來說，這並不是一個理想的方式。

上述論調如果從個別的案例或短期的觀點來看，的確有其優點存在，但是本章對於學習基礎的原則依然適用於此「先前的知識基礎是建立新知過程中的重要元素，甚至於可能是最重要的」。如果我們要跳過一個圍牆，就算手上沒有任何東西的協助，我們照樣可以跳過去。但是如果我們以撐竿跳的方式，利用竹竿插在地上所產生的平衡跟我們自己動力的乘數效果，那麼跳過去就更是輕而易舉。很顯然的，我們應該用撐竿跳的方法，憑藉外力把效果發揮到最大，而不是完全靠自己的力量跳過去。

面對瞬息萬變的需求、科技、財務以及競爭環境，我們應該積極朝發展的最前線邁進。如果我們不尋求外力的協助，自己忙著找問題的解答，或許能夠成功解決所面臨的問題。不過問題是這樣的解決方案不但可能是錯的，而且就算是正確的解決方案，它或許能夠解決昨日的問題，但不見得適合現在的狀況。

在此我們可以拿羅盤和地圖來舉例，如果我們的時間緊迫，而且我們也知道應該要怎麼走，那麼自然不需要羅盤或地圖。不過如果自己對於所在地區並不熟悉，而且該地道路崎嶇，那麼我們就需要羅盤和地圖的協助才能夠找到方向。我們越不知道自己身處何地，就越應該盡量借助外在的力量來找出方向。不過如果我們的方向感十足，自然不用花太多時間去查地圖或判斷羅盤指針所指的位置，乃至於每走個一百公尺就去查看羅盤一次。利用仿效對象的指引力量也是一樣的道理，我們一開始可能需要成立萬事具備的標竿學習專案，但是這主要是協助團隊成員把學習的習慣融入每天的思考模式中：問題在哪裡？以前有誰碰過類似的問題？以前有人用蠻有意思的方法解決這樣的問題，我們或許能夠向他們學習一些很有價值的經驗或知識，而這些人是誰？

標竿學習的實際應用

我們先前已經說明當前企業所面臨的嶄新局面，也介紹過各種書籍對於知識形成以及學習基礎的看法，我們這麼做主要是讓讀者對於標竿學習這種方法的重要條件和需求有全盤的了解。

在本章中，我們將會一探標竿學習實際的做法，描述標竿學習實際應用中的各種元素，譬如我們如何依據現代企業教育的需求建構起一個理念？標竿學習如何創造出攸關學習的多樣性？企業如何利用他人儲存的知識來輔助自己的成長和發展？在下一章中，我們將會繼續討論機構或企業實際執行標竿學習的議題。我們如何建立起一套能夠讓大家都感到積極參與和備受鼓勵的做法？我們應該作些什麼樣的準備以便和良好的模範進行比較？為了加強各位對標竿學習在實際應用上的了解，我們將會介紹許多實際的企業案例，這些都是我們實際參與過的專案。此外，我們將會介紹兩個機構的案例，其一是政府機構，另外一個則是易利信集團旗下的公司，本書介紹各式各樣複雜的案例中，這兩家機構的經驗能夠讓讀者對於標竿學習有更清楚的認識。

元素組合

在談到這個主題之前，我們應該先想想這個問題：先有理論還是先有實際的做法？新的做事方法是透過網絡架構形成的，還是從現有的理論架構進一步衍生所產生的？抑或是純粹因為某人自己深信「這很重要，我們必須對此著手因應」，並且基於這樣的理念所開發出來的？這樣的答案通常都很複雜，而且往往也不明顯。事實上，這往往是一種互動過程的問題，也就是理論和儲存知識、現實和理想相互交錯的狀況。標竿學習的理念，正如同我們先前所提到的，是在 1990 年代前半段某些標竿管理的專案中所產生的。那時候標竿管理才剛在歐洲崛起，不久之後就迅速的從英語系國家傳到瑞典。最初是一些在當地具有許多部門或單位的企業才會進行這類專案，譬如製造商的消費單位、電信公司的零售商、機場的維修單位。

因此這套理論模型是建構在我們對這些和其他標竿管理專案所得來的經驗上，不過我們深信，良好模範所帶來的指引力量對於企業發展和個人的成長都具有非常有效的幫助。在開發這個概念的時候，我們也參考知識形成和學習的理論，並且從而激發我們的靈感。此外，我們參考自己在機構和企業變革管理所得來的經驗，從而創造出一套在許多層面，不論是個別部分或整體而言，都是獨一無二的方法。

為了協助各位讀者了解標竿學習，我們現在將介紹「元素組合」(building-blocks)的理念，這也是標竿學習的力量來源之處。每個相關元素和重要性都可能根據所處狀況和目的而有所不同，因此我們不在這裡多加解釋。不過我們會把討論重點放在前面幾章談到的外在世界變革與知識形成的基礎上。

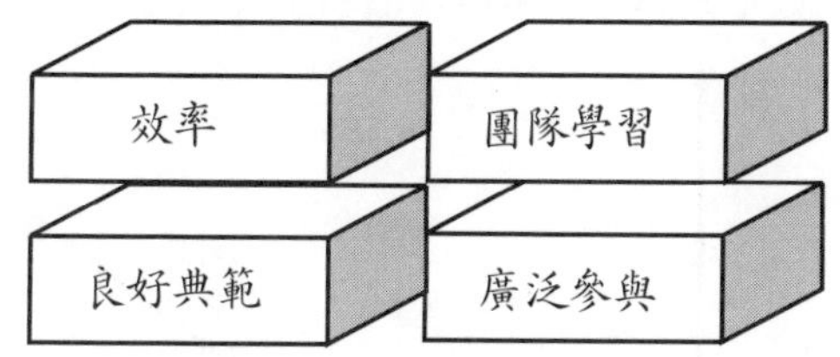

效率、團隊學習、良好典範、以及廣泛參與這四大元素的組合，正是標竿學習這套方法的力量所在。

營運的效率

標竿學習把人們對於良好學習環境的需求與改善營運效率的目的結合起來，這也使得效率成為標竿學習的重要基石之一。如果我們回憶一下這樣的定義:「所有組織活動的目的在於創造價值，而這樣的價值必須高於生產過程當中所耗費的成本。」這樣的說法也適用於標竿學習這樣的方法和其實際應用上。標竿學習的任何開發專案必然是以營運效率為出發點，也就是提供客戶或使用者價值的能力，而且這種價值必須高於所耗費的成本。讓我們以效率矩陣來說明這個道理。

企業和機構想要成功的話，長期、短期的客戶價值和生產力之間必須要達成平衡才行。我們也相信，以下這問題對於機構或是企業界領袖也有著不可忽視的重要性:「你怎麼知道你的公司或是機構經營得有效率?」換句話說，也就是:「你怎麼知道自己公司或是機構已經達到客戶價值和生產力之間的平衡?」回答以下幾個問題可說是掌握效率這個議題一個不錯的起點:

1. 我們生產和提供的是什麼?

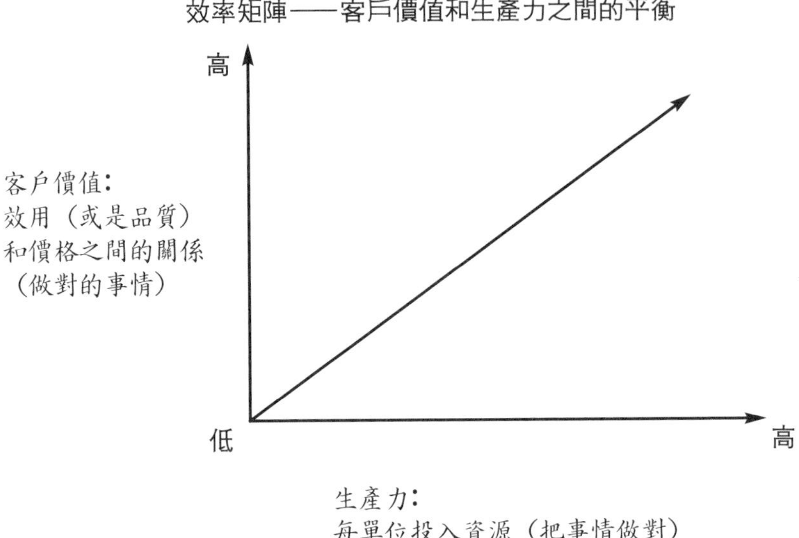

2. 這些產品或服務的每單位或每小時成本是多少？

3. 誰會評估我們提供的服務或產品？

4. 這樣的評估是根據什麼樣的標準？

我們前面花了很長的篇幅解釋為什麼這些問題並不容易回答，這是因為營運本身的性質各有不同，而且其實各自所處的環境也不盡相同。這類討論的困難之處幾乎都是和價值層面有關：為誰創造價值以及應用哪種評估標準等等。當然，這些問題難以回答，但是要假裝這些問題並不存在其實就像是鴕鳥一樣，根本無濟於事。

此外，在討論營運效率的時候，我們常常發現價值和品質、成本和生產力這兩大陣營對人們的心理會有全然不同的影響。譬如，價值和品質往往讓人想到一些令人感到愉快的決定、反應和行動。客戶會對這些決定或是行動感到滿意或感激，員工則能夠從這些工作中獲得極大的滿足感。不過，生產力這個名詞卻往往讓人想到反感的決定，譬如減少產能或精簡人事，更糟糕的還有裁員。人們對於這兩大軸線似乎各有不同的偏好，對於著重服務、發展及創造力的人會側重在價值軸線，不過對於側重精準、確實的證據、降低成本及控管之類的人則會比較注重生產力這個軸線。因此，我們建議各位利用效率這兩大軸線來作一些練習，從而對這兩大元素提出問題。

如同我們先前所說過的，透過比較自己的作業和他人有何異同之處能夠為這些問題找到解答。整體而言，公司常常利用他們的競爭對手作為參考對象，他們能夠在市場占有率、毛利和成長等項目一較長短。至於公司裡的各個部門或單位則可以從不同產業的公司尋找值得仿效的模範，也就是在某個領域的高效率以及經營之成功都是眾所皆知的對象。我們能夠針對這個外界的參考點，來衡量自己在產品開發、處理客戶抱怨及客戶服務等等的表現。

在許多企業，他們也有很多可供內部人員彼此效法的機會。我們就碰過不少案例，同一家企業會利用不同部門的表現來作比較，從而作為監督和控制營運效率的方法。與其和前一年的營運表現比較或利用今年的預算來衡量進度，各位不如利用其他單位的表現來作為參考的基點。我們就見過許多公司利用各個單位的表現彼此比較作為控管的工具，而且這趨勢有逐漸攀升的現象。這種比較方法要能夠發揮效果，公司各個單位首先必須對於規則、定義達成共識，並決定應該利用哪些標準來進行比較才能夠達到有效的控制。北歐地區有個大型銀行根據幾個重要標準來比較分行的表現，表現最成功的就能夠獲得最前面的排名。我們還碰過有家大盤商利用類似足球聯盟系統的區分系統，根據各個部門的表現將他們加以區分。當然，沒有人想要被歸類為第二，或是被分到整個排行之末。

運輸業對此也很積極，有家公司把它的業務區分為幾個相等的部分。雖然比較性是他們主要的區分考量，不過當然也有其他的要素影響，進行這樣的區分本身就是設立標準這個過程的第一步。這家公司決定好要用哪些衡量標準進行比較，藉以方便有效的控管。不過下個要面臨的挑戰卻是如何建立起積極向別人看齊的文化，也就是個別單位會積極彼此比較，看是否有值得學習的知識或想法。如果事實證明比利時的車輛維修工作做得比丹麥好，那麼為什麼會如此？比利時有哪些作業方式是值得丹麥的從業人員學習的？這也就是標竿學習的精神所在。

本書稍早曾經討論過計劃經濟的成長，我們那時討論的不只是靠稅收運作的政府部門而已，我們也曾對公司內部各個形同獨占的單位和部門多所著墨（公司內部單位所提供的服務或是產品，是給公司其他單位或是整個公司使用）。如果你有資訊科技部門、行銷部門，還有一些生產部門等等，這些單位生產的服務或商品是提供給別的部門或公司整體使用，這些使用者無法向外購買這些服務或商品，因此這些部門形同在公司內部居於獨占的優勢。標竿學習和標竿管理都非常適合應用在這類不受競爭壓力影響的環境上，許多公司的確在各個部門、單位、作業流程或功能上實際應用標竿管理或是標竿學習的理念。透過比較的掌控，我們更能夠提升效率，並且向其他的業者或部門學習。

當我們為標竿學習選擇出值得改善的領域時，其基礎正是效率的概念。值得改善的領域必須能夠影響到企業的效率，也就是說，標竿學習實施之後，從長期和短期的眼光來看，企業都能夠為客戶以有生產力的方式創造價值。因此我們可以把改善的動機和效率軸線加以配合，看這是為了客戶創造最大價值（在一定的生產力之下），還是為了提升生產力（同時也維持一定的品質）？不過有些案例顯示，客戶價值和生產力這兩個軸線都會對彼此有不錯的影響。讓我們以下面這個例子來作說明：

如果藥局對其每天例行作業和配藥的過程加以改良，那麼客戶就不用苦等，而且藥局本身也可以降低每次配藥的成本，等於是雙方互蒙其利。

標竿學習本身也是會根據效率表的不同而有所變化，基本上，標竿學習的執行必須能夠產生大於成本的價值。不幸的是，太多企業開發專案的例子都無法達到這樣的標準。知識發展的問題中，有一個問題是人們無法把所投入的資源和所產生的結果互相配合。因為標竿學習著重在從營運、作業內容當中學習，它能夠產生攸關機構營運的知識，這樣的知識是根據特定情況而來的，實用、經濟而且有價值。因此投資和結果或成效之間的關聯也得以釐清，但不管是利用經濟項目標準或其他衡量要素來作衡量，重點是因果關係一定要分得很清楚。我們在第三章裡曾經討論到具有商業價值的知識，不過，我們必須強調，企業發展和知識形成都需要長期、宏觀的眼光配合。各位在考慮企業發展或知識形成的時候，不能只考慮到企業現在需要的知識或技能，而是要把眼光放得宏觀、長遠。

標竿學習也需要成員廣泛參與改變的過程，這樣的話，公司各個層面的員工都能夠加強對於公司營運的認識，並且了解哪些要素能夠提升短期和長期效率。不只是高層主管或負責某個工作團隊的人能夠獲得這樣的認知而已，所有投入標竿學習的成員都能夠加強對這方面的了解。這樣個別員工能夠體認到自己的工作對於整體效率的提升有什麼樣的貢獻。研究結果發現，個別員工對於自己工作的認知往往比管理階層的命令更有影響力，更能夠左右他們的行為。

學　習

標竿學習的學習要素有兩大目的：第一，我們希望能夠刺激和業務營運或策略息息相關的知識成長；第二，我們則希望能夠達成「三路徑學習」，也就是不斷學習新事物的能力。讓我們從這兩個角度來進一步討論學習。

本書所提的知識是屬於經濟性質或和工作息息相關的知識。這種知識對於公司或個別員工而言都非常有可用性。

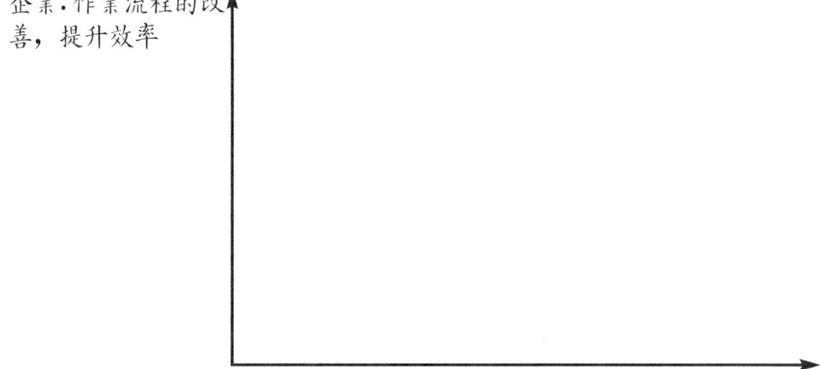

公司發展往往偏重某個效率軸線，但是標竿學習卻著重於員工的知識和學習以及企業的發展過程，其影響所及的效果更是大受提升。

若要有助於工作，知識必須和目前或是未來的工作相關才行。標竿學習能夠提供這樣的關係，並且把重點放在做事的新方式或改善作業的辦法上。個別員工會對自己的工作加以分析（根據需要改善的領域來加以剖析），從而研究別人如何做事的方法，然後把他人的做法和自己的工作兩相進行比較，並且開發出新的辦法和解決方案，他們對於工作的理解因而更加深入，能夠貢獻給工作的技能也大為精進。

企業往往側重在某個軸線上的改進（譬如客戶價值或生產力），顧問和企業發展專家則會從精簡組織和找出最適化的作業方式為出發點，對作業流程進行分析。在許多案例中，他們都會使用先進的資訊科技解決方案來支持新的作業流程。這雖然在理論上說得通，但是在實際執行的時候卻往往會遭逢困境。員工缺乏這方面的能力，無法在新的工作環境當中運作，甚至會對新的系統感到懼怕。就算是最理想的解決方案，如果沒有其他元素的配合，也很有可能會成為一場大災難。

就算公司派員工去參加訓練課程，提升他們的因應能力，但是往往會面臨新的困境。這些員工從個人發展的訓練課程學得許多新知，對於工作內容有更深入的了解，且對於應該如何管理和做事的方式也有全新的想法，但是回到工作崗位之後，他們卻發現工作的作業模式依然一成不變，他們還是要聽命同樣的管理人員的指揮，他們根本沒有機會把新的知識應用到工作上。

知識管理

講到組織學習的議題，我們勢必要對知識管理這個專有名詞加以討論才行。最近這幾年，知識管理在歐洲和美國受到普遍的矚目，不幸的是，這方面的討論往往側重在知識的供給層面（也就是知識蒐集、儲存和傳播）。

標竿學習的目的在於結合這兩大軸線，也就是影響工作流程與其中成員的發展及能力。1990 年代時，知識管理和資料庫幾乎被劃上等號，人們想到知識管理，就想到是能夠把人類知識轉化成資料庫中儲存資訊的龐大系統。各界普遍受到這樣的迷思影響:「說服人們和他人分享知識和技能是很困難的工作」。

我們在 1990 年代中期參加一項會議的時候發現，有位與會的資訊科技顧問公司（這家公司在全世界有好幾萬名的員工）的高層代表堅稱，在企業中傳播知識最大的挑戰在於說服員工和他人分享知識。但是我們則對此抱持反對的意見，我們認為知識的接收部分才是真正困難的地方，也就是個人和團體把資訊元素轉化成知識的轉換過程。

好幾年之後，這位資訊科技顧問公司的代表很不好意思的承認，他們自己的知識管理系統其實表現得非常不理想，有些部分甚至於根本沒有人去用過。然後我們針對人們難以吸收現有知識的問題進行一番模擬性的討論，所得到的結論和第一次會議討論說服人們和他人分享知識的結果大異其趣。

因此，各位務必要了解標竿學習側重於知識形成的接收端——這和大多數的知識管理技巧大相逕庭，其他的知識管理理論大多強調知識形成的供給面。我們常常發現，員工所需要的知識或資訊往往就在同儕或是公司手中，但是他們卻缺乏動機，根本不想去吸收這些資訊或知識，進而將其進行分析，轉化成為新的技能，因此對於客戶價值和股東股利根本沒有幫助， 也無法讓自己的工作變得更有意思。

我們進而發現到，人們對於知識和資訊的區分往往認識不清。學習和知識形成是一體兩面的事物，至於資訊必須由接收者進行轉換的工作才能夠成為知識。接收者必須對這資訊的起源背景有所了解，並且從而將其應用在自己的實際工作上。因此對話和內部化都是接收者把接收到的資訊轉換成知識的過程中相當重要的步驟，但是許多人卻往往會忽視掉這些重要的過程。

學習的能力

如果我們大費周章，好不容易針對營運策略和工作內容設計出一套學習辦法，那是不是表示一切就大功告成了？並不盡然，重要的不是靜態的知識，或是損益表上所呈現的數字，而是不斷追求新知的能力。在標竿學習中，我們傳授的是學習的新方式，並且盡量作到方便企業未來刺激員工學習的地步。接著，我們將會討論提升人們學習能力的重要元素：學習型組織、隱性知識、渴望程度及多樣性。

學習型組織

我們在第三章中談到的組織學習理論讓我們獲得不少刺激學習能力的靈感。麻州理工學院教授彼得・聖吉(Peter Senge)1990 年在《第五項修練》(*The Fifth Discipline*)這本書中提出「學習型組織」(learning organisation)的理論。這個理論對於實際執行工作者和研究人員都帶來很大的啟發。不過執行之後人們才發現，這套理論在執行層面有其困難之處。後來在 1994 年的《第五項修練實踐篇》(*The Fifth Discipline Fieldbook*)和最近出版的《變革之舞》(*Dance with Change*)中，聖吉和他的同事對於如何建立一個學習型組織有了更詳細的解說。

在標竿學習中，我們試圖把建立學習態度的工具和方法整合在內，這樣企業員工會不斷努力的追求新知。赫爾辛基大學(University of Helsinki)針對歐盟執委會（參考以下附註）所贊助的各項專案中的創新程度進行調查，顯示標竿學習的方法獲得教育創新項目最高的評分。結果也發現標竿學習是協助人們把抽象的概念付諸實施的有力工具。(附註：從 1996 年底到 1999 年初，卡略夫顧問公司(Karlöf Consulting)帶領一項專案，主要是從歐洲的角度開發該方式並測試。)

「學習型的機構專精於知識的創造、獲得以及轉移，並且能夠針對自己的行為模式進行調整，藉以因應新的知識和見解。」

— 大衛・葛文(David Garwin)，1993 年

如果我們看看定義中某個關鍵字，那麼標竿學習和學習型組織之間的關聯會豁然開朗。在標竿學習中，企業獲取與創造知識的途徑是透過向周圍環境的模範學習。專案成員的普遍參與讓知識的轉移可以雙向進行，而且更重要的是，標竿學習讓企業願意根據他們向仿效模範所習得的知識，對自己的行為模式進行調整。

隱性知識

在第三章中，我們討論過隱性知識和顯性知識（或是外顯知識），那時我們利用的是野中郁次郎和竹內弘高的轉化矩陣（四種知識轉換的模式）。在標竿學習中，四個種類的知識能夠彼此轉換。（我們在這裡把它們泛稱為知識，但是顯性知識通常是一種資訊，個人必須針對這些資訊進行內在化之後，才能夠成為知識。）

這四種轉換的方式是：

1. 從顯性知識轉換成顯性知識：如果是為了發展的目的，可以利用資料庫之類的外顯資訊來源，如果是為了比較的目的，則可以根據各種指標。
2. 從顯性知識到隱性知識：這是指標竿學習成員將手冊的資訊或從模範（這可能是公司內部的模範、也可以是外界值得仿效的對象）身上所習得的知識進行內部化的過程。
3. 從隱性知識到顯性知識：標竿學習成員把自己的知識記錄下來，並且轉換成一種指示或是做事的新方法。
4. 從隱性知識到隱性知識：透過和仿效對象的對話，成員能夠把

仿效對象的經驗和自己的做法進行比較。

標竿學習能夠為這四種知識轉換創造機會，從而為有效知識形成奠定了穩固的基石。

現在讓我們看看兩家不同公司對於排除疑難系統的做法：第一家公司在電話總機這個前線就配置經驗豐富的技術人員，當客戶打電話進來的時候，接電話的技術人員可以直接在電話上解決他們的問題，而不用特地派技術人員出去。不過第二家公司則是根據謙恭有禮這個標準來挑選他們的總機人員，這當然能夠讓客戶覺得受到尊重，但是換個角度來說，這對客戶和對公司本身都沒有效率。第一家公司利用隱性知識，讓技術人員透過電話指導客戶排除疑難，光是靠電話解說就能夠解決大約三成的問題。客戶打電話進來申報的問題大多是他們自己操作不當造成的，譬如說並未按照正確的流程操作，或是忘了打開電源開關，或是未能維持設備的清潔等等。

這個例子顯示隱性知識和顯性知識主要是在程度上的高低有別，而不是種類的差異。現代根據人工智慧所建構的專家系統，讓人們可以把幾乎所有的知識都進行編碼化，不過這要耗費相當龐大的成本，經濟效益並不高。和這相比之下，一般類接觸的成本效益要高得多。如果知識轉移的機制已經建立，那麼隱性知識維持原本型態會比轉換成顯性知識有價值得多。

工作中值得改善之處往往需要隱性知識來加強理解。處理錯誤狀況或是排除故障的作業流程（或是作業流程彼此的互動）很難進行編碼化（雖然這在技術上的確可以做得到）。若未從仿效模範的經驗獲得靈感，或是不曾體驗過儲存知識這種型態，那麼往往很難獲得最佳的解決方案。而且，大量的顯性知識往往會讓人感到難以消化，好比閱讀大量有關於電子產品使用手冊會令人感到艱澀難懂。如果有某個經驗老到或學識豐富的人可以解釋這些功能，資訊的接收者遇到不懂或想要知道更多的相關資訊，能夠直接向這位對象提出心中的問題，這樣的過程會有效得多。

接下來這個案例，我們發現 A 零配件供應商的管理系統為 B 公司（也是提供類似商品）帶來了極大的啟發，B 公司更從 A 公司的做法中擷取豐富的參考資訊。如果 B 公司必須以顯性知識來建構零配件市場管理系統，那麼所吸收的知識必然相當有限。不過透過和對方對話、比較的過程，他們得以大開眼界，並且更積極改善他們自己的系統。在這個案例中，隱性知識的轉移占有非常重要的地位，也唯有透過這樣的過程，B 公司才能夠為客戶、股東和員工創造更大的價值。

渴望程度

大家每天早上去上班的時候，理應是精神飽滿的準備全力以赴，大概沒有幾個人會想說：「我今天算只發揮百分之六十三的實力。」大部分的人都會想要盡量在工作上求表現，問題是他們或許看不出來應該怎麼做得更好。這時如果能夠仿效良好的模範，看他們是怎樣把事情做得比你好，這對於提升企業當中的渴望程度有著非常大的幫助。

我們相信，人們對於學習和成長的渴望攸關於他們知識的發展，對於這些不斷希望吸取新知的人而言，透過標竿學習，他們能夠自己看到某個人，或是單位、公司做得比他們好，並且將進一步找出對方表現之所以比較好的奧秘。這樣的心態能夠刺激有效的學習，對他們的工作能夠直接產生助益，並且幫助他們建立起具有挑戰性、但又不會偏離現實的目標。從下圖可以看出，表現改善的程度比人們一開始所以為的要高得多，這就是富有挑戰性的地方。而且，由於別人的確

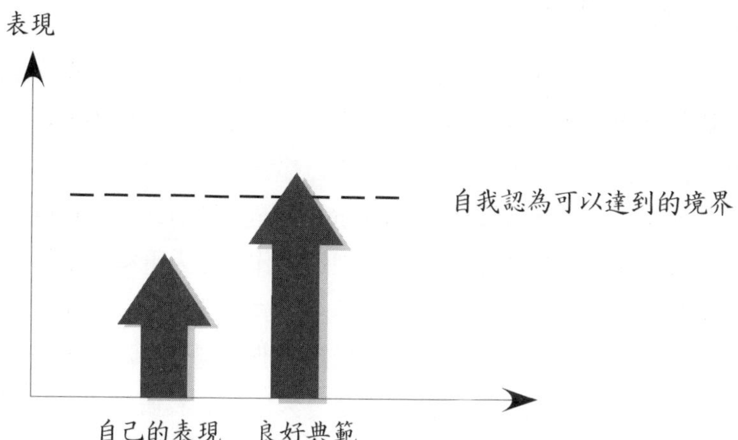

模範的表現會讓你對工作潛力的看法大為改觀，從而將激勵你想要把事情做得更好的野心。

能夠達到這樣的目標，因此公司可以知道這樣的目標並沒有偏離現實。

渴望程度和自我超越(personal mastery)也有著相當大的關聯；「自我超越」是聖吉在《第五項修練》這本書中所說的五大修練之一。透過標竿學習，我們可以先對自己的表現進行了解，繼而我們能夠從找到的仿效模範身上看出自己希望達到的境界。我們目前的表現和所希望日後能夠達到的境界之間的這段差距，也就是所謂的「創造性張力」(creative tension)。

提升渴望程度是市場經濟中最重要的競爭要素之一。看到對方能夠表現得這麼好會激發自己的競爭意願，希望能夠向對方看齊，甚至於超越他們的表現。由於渴望程度對於產生「創造性張力」具有動態效果，因此在企業或是機構的發展上占有不可忽視的地位。

變　化

我們在第三章和第四章中討論到，知識形成還有一個重要的條件，就是變化 (variation)和更新(renewal)。工作要是一成不變，就會陷入例行工作的模式，學習和學習的能力都會因此大受打擊。

1990 年代西方世界碰到許多的產業問題，其中之一便是機構和企業中許多人長久以來都是從事例行性的工作，每天重複的工作讓這些員工的學習能力大為鈍化。要讓這群人了解他們必須適應新的工作環境和新的作業模式，不但要耗費大量的經費，還要投注大量的精力。這個現象對於人類的知識和資源都是一大浪費。我們先前就提到，如果學習的能力鈍化之後，就很難再恢復。唯有當我們發揮自己的智慧能力時，才能夠進行真正的學習。

標竿學習對於學習所需的多樣性和智慧能力都很有幫助，它所提出的問題往往都很複雜，並不是和每天處理的例行工作直接相關。這樣能夠避免員工長時間處理同類工作，並且因此喪失部分學習能力的風險。學習和變革的能力不但是員工是否稱職的重要衡量標準，對於社會和個別員工而言也具有無上的重要性。

我們最近進行的標竿學習專案中，對於工作變化的好處作了非常充分的說明。有家總員工人數大約一千名的財務顧問公司，曾經試圖解決某個有關於季節性銷售高峰和淡季的問題，但是卻功敗垂成。他們的年度報表很自然的集中在冬天和春天這兩季，這段期間內的工作量激增，公司因而能夠賺到非常豐富的獲利。但是後來在秋天的時候卻因為產能利用率低落，使得賺到的獲利幾乎消耗殆盡。

透過標竿學習的專案，我們發現別的國家有同樣產業的業者成功的解決這種淡季與旺季落差太大的問題。透過觀察成功的典範，這家公司的員工從而獲得全新的看法，並且激勵他們去學習以及採取新的計劃，把工作量平均分配，並且改善公司的獲利能力。公司員工如果每天處理一成不變的工作，不知道如何向外取經，那麼最終會導致發展遲滯，員工也沒有機會學到解決問題的方法。

廣泛參與

「廣泛參與」這個詞突顯了標竿管理和標竿學習之間的不同：標竿管理是一種從上而下的模式，是由管理階層想要改善公司效率的期待為出發點；至於標竿學習則把機構變革管理的責任進行轉移，由那些會受到變革影響的人員決定哪些變革是必要的。所提出的變革提案要發揮效果的話，這些人員必須親自投入才行，所有企業和機構的開發計劃最終都會影響到人員的作業模式。另外，如同我們先前所強調的，標竿學習的主要目的之一在於提升同儕的學習能力。如果標竿學習專案沒有廣泛的參與，自然也無法達到這樣的目的。

航空產業的某項變革專案結果更加彰顯出相關人員廣泛參與的重要性。這項專案要求來自不同飛行站的團隊共同定義「路線維修」(line maintenance)，並且分析其中要素。結果這些團隊透過彼此學習，對日後的工作做了極大的改善。有些團隊學到某個飛行站如何同時處理多項活動的方法，以及開發出很聰明的管理、協調方法，大幅縮減飛機的待機時間。由於這個變革專案的成員廣泛參與，讓他們工作所需時間大幅縮減，而且工作時的摩擦狀況也大為減少。

成員積極全面參與對於各式各樣的專案都非常重要。諾貝爾獎得主哈耶克(Friedrich Hayek)曾經這麼表示：

「基本上，幾乎每個人都有一些獨一無二的資訊，但是除非這個人的積極合作，否則他們所擁有的資訊也無用武之地。如何說服個人在這方面合作，可能是接下來這幾十年中最重要的管理學議題之一。」

現在的員工如果對公司有所不滿，並不會走上街頭舉白布條抗議，但是他們會消極的抵抗，也就是不願意發揮他們的創造能力或知識，對於公司的投入程度也大打折扣。根據哈耶克的說法，如果員工進行這樣的消極抵抗，這可說是現代企業最糟糕的惡夢。因此，企業或機構應該廣泛的讓員工參與，把發展計劃的工作和控制權讓那些會受到變革影響的人員掌控。

當人們能夠加入變革管理，並且有機會理解公司現在所處狀況，這會提升他們接受變革措施的意願以及能力，如果他們沒有機會參與變革管理的過程，很可能會視這些新措施為一大威脅或完全的排斥。我們曾經參與過一個專案，這個專案後來決定採取一項措施，這項措施雖然會和這個團隊的短期利益衝突，但是對於公司整體而言卻是有利的，甚至對這個團隊長期而言也能夠從中受惠。有家航空公司的某個單位在爭取一項航空站的管理合約時，輸給一家他們很久沒有正面交鋒的競爭對手。丟了這張重要合約之後，這家公司痛下決心參加標竿學習專案，從中發現他們缺乏系統支援，有些部門的人員配置又過多。為了迎接即將來臨的民營化，他們一致同意對公司缺乏效率的地方進行整治。儘管這意味著公司短期之內必須精簡人事和減少投資，但是這對於長期的競爭能力和生存卻奠定了穩固的基石。

員工普遍參與還有一個重點，那就是他們可以從良好典範身上得到指引的力量。在此讓我們重溫先前所談的舉證責任：

一般來說，有心要改變現狀的人往往要證明為什麼這些事情需要加以改變。不過透過良好典範的應用，人們可以把舉證責任轉移到對方身上，讓他們去證明為什麼這些事情「不應該」加以改變！

只要是曾經參與過變革管理的人都可以指證和保守派交手的經

驗實在令人頭痛。這些保守派不見得是出於惡意，但是他們會對變革帶來的影響感到疑懼。要不，他們就是不認為變革能夠成功。不過，「舉證責任」讓標竿學習獲得一大優勢，透過標竿學習，那些抱持懷疑態度的保守派可以了解到這些變革的確可能成功，因為別人成功活生生的例子就擺在眼前。

不過，這是假設相關人員接受並相信這些模範為前提。我們的讀者中，如果曾經接觸過標竿管理的人都有可能碰到這種推諉的說法：

「他們的確在合約上花了比較短的時間，但這是因為我們的合約複雜得多，而且……」

「你不能把我們和諾威治分店相比，他們那裡的顧客層次和我們的完全不同。」

「就算這套辦法在成衣貿易產業行得通，但是可不表示這就能應用在家具業上。」

「為什麼？這套辦法在這兒一定行不通！」

如果員工不是親自投入變革管理的話，必然會有很多推諉的藉口。但是如果你自己親自去諾威治分店看過，並且認定這是值得仿效的對象，而且比較過合約後，也發現其實別人的合約並沒有比你們的簡單多少，那麼要為自己表現為什麼會出現這麼大的落差找藉口就沒有那麼簡單了。而且如果你覺得自己是團隊中的一分子，自然更願意投入、接受新知，這也是為什麼員工廣泛參與對於標竿學習會如此重要的原因。

公平過程

雖然我們談的是員工廣泛參與的議題，不過在此我們也要強調「公平過程」的重要性。金誠(W. Chan Kim)、芮內・莫伯格尼(Renée

Mauborgne)研究十九家跨國企業決策策略的時候，發現了公平過程的必要性。他們發現過程、態度和行為之間具有非常清晰的關聯。企業領袖在企業發展的過程中如果對公司員工一視同仁，那麼不但能夠提升員工的信心，同時能夠激勵員工對公司的投入，並且進而加強凝聚力。但是相反的，如果員工自覺被排除在開發過程之外，或是對此並未充分了解，很可能會有暗中抵制專案的執行，甚至不願意貢獻想法及知識的狀況發生。

因此這個過程如何進行非常重要，業者不但要看成果，也要根據期間的過程來看成敗。過程進行得順利的話，往往能夠為決策品質以及創新奠定良好的基礎，執行的時候更能夠吸引員工全心全力的投入。

根據金誠和莫伯格尼的理論，這樣的過程要想有效率的進行，就必須遵守三個原則，我們還另外加上三個原則。各位要注意的是，我們這兒說「效率」的意思是指價值（決策品質）和生產力（決策成本比較便宜）雙雙獲得提升。這六個彼此互補的原則為參與、解釋、澄清預期、集體學習、提升渴望程度、忠誠。

參與(involvement)：這表示讓員工參與決策，並且諮詢員工的意見和看法，從而對決策造成影響。「參與」也表示業者是根據意見的智慧內容(intellectual content)以及所具有的貢獻程度，來衡量員工所提出的意見，而不是根據「誰」提出這些想法或意見來作考量的依據。由於所提出的意見有可能會被否決，員工在構思的時候會更謹慎，從而提升他們的思考技巧以及能夠提出更有見解的全盤看法。讓員工參與決策過程，能夠提升決策品質，而且當決策執行的時候，所有參與的員工都會更全心全意的投入。

解釋(explanation)：這表示每個相關人員（包括那些會受到決策影

響的人）都了解這項決策的目的為何。解釋決策背後的想法，能夠讓員工知道自己的意見都有在考慮之列，並且了解到這項決策並未對共同利益造成任何損害。就算決策和某些個人的意見相左，但是透過解釋，主管和屬下雙方都能夠信賴這項決策的用意。

澄清預期(clarity of expectation)：這表示詳細說明新的目標、預期、以及遊戲規則。在公平過程中，相關人員都清楚的知道遊戲規則，譬如誰會負責評估他們的工作表現和衡量的標準為何等等。

集體學習(collective learning)：表示每個人都展開一趟智慧之旅，並且接受相同的資訊洗禮。透過這樣的模式，涉及公平過程的人員無須任何妥協，就能夠達成一致的共識。這樣的過程讓大家都有機會吸收資訊的要素與貢獻新的資訊，以便獲取集體知識，從而產生好的決策。而且最重要的是，全體都積極投入這項決策的執行過程，並且表現大為改善。

提升渴望程度(raised level of aspiration)：這樣的過程能夠提振決策品質之外，還能夠激勵團隊成員的士氣，讓他們想要表現得更好，如果員工被排除在過程之外，就無法達到這樣的效果。員工想要表現得更好的渴望程度升高，從而為企業本身注入活力，事實證明這對於管理階層和員工都有激勵的效果且深具價值。

對決策的忠誠(loyalty to decision)：這是變革過程執行中很重要的一個因素。公平過程能夠讓參與員工自由發表意見，並且對於為什麼作出這樣的決定有詳細的解釋，因此能夠讓員工對決策結果感到心悅誠服，這對於變革管理的成功是非常重要的條件。

良好的模範

企業或是機構的開發專案總是捨近求遠，忽視近在眼前的良好模範。這樣的現象層出不窮，自從我們開始開發標竿學習這套方法，就發現到幾乎所有的企業或機構都不知道利用自己員工的經驗，這種狀況普及到令人驚訝的地步。多麼浪費人才！過去這幾年中，我們問許多才華洋溢、經驗豐富的專業教育人員或開發顧問為什麼會有這樣的現象，但是至今尚未得到令人滿意的回答。他們通常只是認同我們的看法，並且讓我們知道他們也有這樣的疑問。

這樣看來，似乎人們寧可花上大量的金錢、精力去自己尋覓出解決的方法，也不願意利用他人既有的經驗，就算向他人借鏡能夠更快的解決問題、而且所需成本也更低，但是大多數人依舊不改其志。不幸的是，自傲似乎是這種心態的罪魁禍首——不只是個人而已，就連團體、企業、甚至於國家也會受到這種心態的影響。「白手起家」這個說法正好充分反映出這樣的心態，這句成語強調的是個人的表現，而不是傾聽和學習他人經驗的意願。

的確，還是有人會利用模範的經驗來提升學習和發展，不過這主要是透過顧問教學的管道，這還是指個人向別人學習（即使這些知識或許和這個人工作的公司或是機構所需相關）。

根據我們對於知識形成的看法，經驗在學習的過程中占了一席之地。大家都知道經驗的重要性，能夠從他人的經驗中學習，這樣的能力是攸關進步（不管是大規模的進展還是小規模的進步）不可或缺的元素。因此，模範的元素組合對於標竿學習非常重要，而這也是標竿學習之所以如此有效的主要原因。

謙虛和自傲

在瑞典，常常碰到人們不願意虛心求教的例子。在此引述我們和某家企業管理人員的談話來作說明：

有一回，我們問這位管理人員說：世界上有哪家企業或是某位專業人士對某個問題曾經有比較好的解決辦法。他思考許久之後回答說：加拿大和荷蘭都在這方面做得很成功。不過他們深思一番之後下了一個結論，瑞典擁有最先進的技術，實在沒有什麼是值得向外學習的。我們常常碰到類似的情況，對方的自傲往往令我們會心一笑，當然我們沒有什麼惡意，這樣的自傲卻會讓人不願意去向別人的經驗學習，實在很可惜。

幾年前在另外一個場合，我們有位同事和瑞典某大產業集團高層主管晤談，當他們討論過標竿管理和標竿學習之後，這位主管卻對標竿學習抱持著懷疑的態度，他說道：「標竿管理的確是個不錯的方法，但是我們已經是全世界這個產業的龍頭，我們還能向誰學習？」我們之所以積極提倡標竿學習的目的，在於灌輸公司或機構一種正確的態度，讓他們了解「某個地方、某個人可以做得比我們好，或是某個人已經成功解決了這個問題」。換句話說，我們希望塑造出渴望學習的企業——也就是對新的知識吸收力強，而且積極學習他人的經驗，而不是讓自以為了不起的態度蒙蔽了向外學習的機會。在此我們必須強調這位我們晤談過的主管並沒有這樣的虛榮態度，後來經過一番討論之後，我們發現雖然他的公司的確已經是全球業界的第一把交椅，但是顯然依然有些地方可以向外界學習。

本書作者群中有兩位試圖把標竿學習的理念應用在他們服務的公司裡，有一回，曾經有位同事問我們是否也在自己所屬的機構裡應用標竿學習，答案顯然是「是的！」雖然我們不會一直進行標竿學習專案，但是標竿學習的態度卻瀰漫在整個公司。不管是大事、還是小事，我們都秉持這樣的精神，譬如當我們和客戶關係出現問題的時候，就算這個任務和標竿管理或是標竿學習的性質無關，我們還是會先研究別人的做法。不過在此我們必須強調這並不是一味盲目模仿他人的做法，而是從周圍的世界尋找解決的靈感。

重複的發明

如果各位看過仿效模範的具體例子之後，可能也會充滿懷疑，對於人們堅持要憑藉自己的力量解決問題感到不解。我們碰過太多的例子，都是為了解決某個問題、建構某個系統、或是建立某種流程而投入龐大的時間和精力，但是卻不肯向已經成功的人求教。如果同一個機構、或是同一個單位出現這樣的問題，大家各自為政，各自埋首在解決自己的問題上，那麼就特別值得當心。我們並不是說別家公司或是別單位的解決方案能夠照樣用在你們身上，自己發現解決的方法以及從成功的做法中獲得滿足感依然是非常重要的（參考「公平過程」這個部分的討論）。但是，標竿學習的方法與成員廣泛參與能夠讓這個過程變得更簡單。

好奇心、發現和發明所帶來的喜悅，這些都是刺激創造力和創新不可或缺的寶貴特質。不過，借用他人成功的創新或發明的經驗作為踏腳石，這樣的做法要聰明得多，總比自己一步一步走過同樣的步驟要好得多。而且你能夠更有效率的發揮自己的創造力，為你服務的機構或公司累積更龐大的智慧資產，並提升團隊和個人對於工作的滿足感。

模範和效率、學習及參與

仿效模範的做法能夠從兩個管道來提升作業的效率。第一，模範讓公司員工能夠參考外界對於類似的狀況有什麼樣的回應。這讓經理人更能夠輕易的回答以下這個問題：「你怎麼知道自己的作業有效率?」這個參考點能夠讓他們獲得衡量效率和成功的方法，並且隨之對營運設定新的目標。

第二，透過觀察這個模範「如何」能夠作得比較有效率，並從中加以學習，你也可以把這樣的心得和知識應用在自己的工作上，用更聰明的做法來讓工作變得更有效率。

如我們以上所說的，標竿學習有兩個學習層面，良好的模範對這兩個層面都會造成影響。我們必須學習直接和工作有關的部分，透過和模仿對象的比較，我們可以把焦點放在和自己所屬企業直接相關的知識，並且加以學習。同儕彼此研究以及互相學習對方的做法，並且思考這些新知對自己的工作有什麼重要性(知識轉移)。這種和工作直接相關的學習對於效率具有直接的影響力，也就是生產力和價值的關係。這種能夠提升效率的學習不但對於員工具有非常寶貴的價值，而且對所有涉及這個過程的人最後都會受利。生產力和價值的關係是所有組織活動的基石，因此對於雇主和員工都非常重要。

另外一個層面則和「如何學習」有關。在此也是一樣，良好的模範還是非常重要的，因為透過和模範的比較，個人必須能夠兼顧理論和實際應用、抽象和具體、整體和部分，這樣的練習能夠提升他們學習新知的能力，且能刺激創造力（我們的定義是利用有創意的方法把新舊知識元素進行整合)。標竿學習創造的成功模式應該普遍到整個企業，這樣的重要性再多強調幾次也不嫌多。在理想的情況中，管理階層會影響整個企業的文化，讓員工對於工作或解決問題都能夠建立起學習的心態。

比較自己和他人的作業方式有何異同的過程其實是很有趣、而且很刺激的，這能夠鼓舞成員的參與並激勵他們勇於改善或想要改善的心。比較的過程中盡量讓越多人參與越好，不管是直接的還是間接都可以，這樣能夠讓變革更加容易進行。越來越多人參與過這樣的學習過程，看到良好的模範是如何作業的，因此能夠把這樣的知識應用到自己的工作和所屬企業上。

第七章 步驟分析

我們先前已經強調過有結構、有系統的方法有多麼重要，這能夠讓良好模範的指引力量受到適當的利用，並把學習的態度滲透到整個企業中。我們設計出一套多重步驟的方法，把這種過程系統化，根據合乎邏輯的結構把這整個過程根據區分為幾個步驟，好讓大家都能夠掌握和了解。這些步驟中有些需要專案團隊付出比較多的心力和資源，有些則需要管理階層積極的參與。

標竿學習的步驟略圖

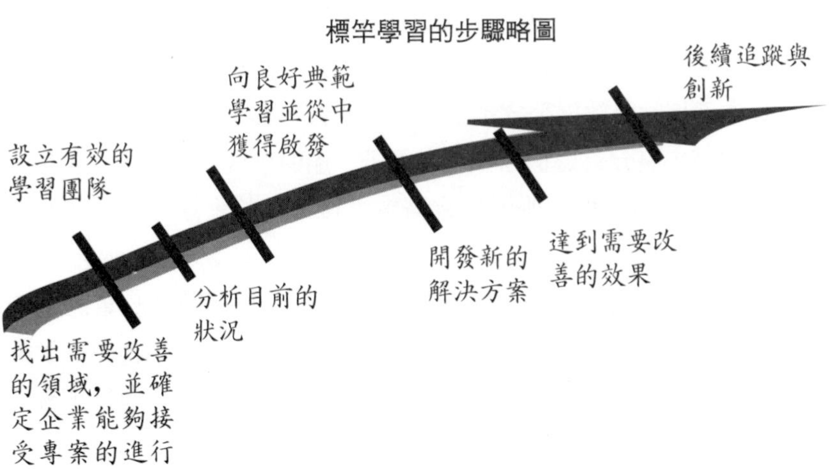

完整的標竿學習方法包括七個步驟，從選擇需要改善的領域到監督和衡量結果。

我們將以兩大機構的實際例子來說明這些步驟。其一是易利信集團的旗下公司——易利信元件公司(Ericsson Components)，以及一家政府機構——瑞典貿易局(Swedish Board of Trade)，我們在寫這本書的時候都和這兩家機構有合作過。為了擴大各位的視野，我們也將會列舉一些其他客戶的例子。在說明每個步驟的結尾部分，我們都會提供一份清單，列舉出在進入下個步驟之前必須進行的活動和必須達成的成果。我們也希望將每個例子成功或失敗的原因釐清，讓讀者能夠把這些教訓牢記在腦海中。有些例子是先前就已經提過的，不過這次從方法的角度出發，來理解這些例子也是很重要的。透過這樣的說明，我們希望讀者對於如何成功進行標竿學習能夠獲得更清晰的認識。不過我們要提醒各位的是，這套方法雖然看來簡單，但是其實不然，這需要時間、精力，並對於方法和過程都有清楚的了解，才能夠獲得理想的結果。

易利信元件公司在 1999 年春天開始進行這項專案的時候，在世界各地擁有大約四千五百名員工。易利信元件公司分布在瑞典四個地區，其中三個地區的辦公室都進行標竿學習專案。那時候該公司是根據業務領域來區分為幾個部分：微電子、能源系統、經銷等等。後來易利信元件公司在標竿學習專案結束之後不久就把能源系統賣給美國 Emerson 公司。

瑞典貿易局是瑞典政府中專門負責國外貿易與貿易政策的主管機關。它成立於 1651 年，然而自成立以來其功能已明顯地改變了許多。目前該機構共擁有八十五名員工，其中大部分是負責執行調查研究與撰寫評論的專案官員。

第一步驟：判斷應該改善的領域，並且讓大家接受這個專案

好的開始是成功的一半，起先就把地基打穩，隨後的進度才能夠順利進行。我們看過許多功敗垂成的例子，業主因為一開始未能投入足夠的時間或資訊在規劃上，也未能讓公司員工接受這項專案，因此立意雖好，但是還是無法成功到達終點線。標竿學習強調擴大視野的本質，因此事前讓員工廣泛對此接受更形重要。第一階段是讓公司員工做好準備，迎接即將陸續推出的標竿學習的訓練，並判斷哪些領域需要改善。

準備階段的重要工作之一就是建立起接收者能力，也就是柯函和李維碩所說的「先前相關知識」(prior related knowledge)。現代公司或機構都有一定的知識水準，因此讓員工建立起接收者能力的準備工作的確不難，這樣他們才能夠受惠於標竿學習專案中吸收到的知識，或從和良好模範比較的過程中吸收到寶貴的經驗。這種知識的提升是準備工作中非常重要的環節，並且讓人們有機會找出問題所在，而且基於我們先前所提的公平過程理論，大家都有機會發問。

不過在我們繼續討論之前，我們要強調顧問在標竿學習中所扮演的角色。標竿學習的目的在讓員工能夠學習「自己去做」，而且這種經驗不能隨著標竿學習專案結束，和顧問一塊離開公司大門。不過我們並不建議各位在沒有任何專家的輔導之下貿然進行標竿學習的計劃，這些專家應該具備和良好模範比較的開發計劃相關的知識與經驗才行。標竿學習顧問具有相當重要的功能，他們能夠作為專案進行中知識來源的指引，他們必須建立起結構，告訴人們如何使用各項工具，

以及追蹤進度。由於標竿學習的重點在於學習和團隊建立，因此顧問也必須扮演過程領袖或引導者(facilitator)的角色。

不過我們也不能低估了對主要任務負責的重要性。這麼多年來的研究經驗顯示，人們大多專注在自己的主要任務上。公司的員工或主管不管是負責編輯內部雜誌或維繫生產線順利運作，都各自有負責領域。另一方面，外界的顧問則以標竿學習專案為其主要任務，而且正因為是外來的人，因此能夠為公司帶來全新的角度來看事情。

我們可以把顧問的角色形容為專案的獨立觸媒。在化學的領域裡，觸媒是一種能夠加速某種過程的物質，如果沒有觸媒，這個過程的發展就可能會減緩下來。「獨立」在許多狀況裡都是非常重要的元素，因為它能夠讓人們對於管理階層推動這個過程和努力達成目標的決心感到有信心。簡短的來說，顧問所扮演的角色如下：

1. 以全新的角度來提供建議。
2. 執行標竿學習專案主要的任務，確保專案順利進行。
3. 貢獻他們從別的專案所獲得的知識和經驗。
4. 扮演觸媒的角色，獨立、有信心的加速計劃進展的速度。

我們觀察過自己公司內所進行的專案計劃，雖然這些專案是由非常能幹的人員所領導，但是最後還是無法獲得理想的成績。通常是因為我們以上所列舉的因素所造成的，也就是專案領導人缺乏別的專案領導經驗或知識，或另外有主要的任務要負責，無法以輔導專案進行為優先任務，或因為本身為公司內權力結構的一分子。有鑑於此，我們強烈建議各位在進行標竿學習計劃的時候，最好有顧問在旁提供協助。

一、選擇需要改善的領域

現代許多態度積極的機構都對自己所面臨的瓶頸有很清楚的認識，也就是他們想要改善或發展哪些領域。我們在此列舉幾項常見的問題：

・產品遭退貨的頻率太高

・客戶總要在電話上苦等許久之後才有人來服務

・很難為某些特定的工作找到適當的人選來完成

・與競爭對手比較的市場占有率滑落

・資訊科技的成本超支

・由於淡季與旺季的落差太大，產能利用率無法發揮最大的水準

另外還有各式各樣的問題可以列舉，不過再列下去恐怕要讓人覺得灰心，重要的是各位要記得，這同時也表示改善的空間還很大。此外，標竿學習裡讓我們更進一步，可以利用人們希望改善的動機來培養正確的態度並預期未來問題的方法。譬如，當全體員工都希望提供客戶最好的服務，並且不斷的學習新知與改善他們的表現，在這樣的動機驅使之下，客戶如果有問題自然能夠立刻獲得解答，客戶服務部門也成為合作無間、有效率的團隊。

我們先前提過，公司各個部門所提供的服務在公司裡形同獨占，因為使用者不能自由的向外選擇供應商，這種計劃式經濟的模式運行之下，就算公司整體能夠獲利，難免會有缺乏效率之處，但是要找出缺乏效率的因素卻不容易。在這樣的狀況中，標竿學習不需要從某個特定的問題著手，而是可以作為一般性的措施，用來改善公司的表現和提升他們的發展。這樣的推論正好突顯出標竿學習和標竿管理之間的差異，標竿管理是一種比較基準的概念，也就是根據參考對象在某

些能夠比較的活動上的做法，來找出你自己的定位和表現。標竿學習則是從外界值得效法的典範身上所學得經驗和知識元素，從而激發自己對於公司發展的靈感。

現在讓我們回到易利信元件公司的例子，跡象顯示該公司人事部門的能力管理計劃(competence management scheme)有些值得改善的地方。這項計劃是由該公司當時的能力經理(competence manager)安・葉柏格(Ann Kjellberg)所發起的，她也是易利信元件公司教育部門的資深訓練人員。她發現有機會讓作業流程更加有效率，而且她還為公司發現了新的學習方式。秉持著這樣的目的，這項專案的目標著重在營運短期和長期的效率提升上，也就是該公司以最低成本提供最大價值的能力。透過標竿學習，人事部門能夠找出一套更好、更聰明的作業模式，讓他們能夠立刻就看到明顯的成果。而且這項計劃的焦點放在學習上，目的則是改善長期的效率。

當我們為某丹麥公司進行標竿學習專案的時候，事前並沒有針對任何領域，該專案的主要的目的在於提升公司的學習和協調能力。我們把所有相關人員都召集起來，討論哪些領域還值得改進，然後選定某個領域作為標竿學習專案的目標。這麼做的好處在於讓員工覺得他們從一開始就有參與感，但是也可能有缺點，就是他們選定的改善目標可能是基於自己的利益，而不是以效率為出發點。沒有獲利壓力的工作環境常常會有這樣的狀況出現，我們就碰過這樣的情形，機構成員在挑選需要改善的領域時，會有個「舒適區」(comfort zone)，也就是選擇不會侵犯到這個舒適區的領域。人們往往以會不會得罪人作為出發點，結果真正攸關長期成功和發展的（但是可能會得罪人）問題領域卻得不到改善。

有些公司對於應該改善哪些領域並沒有清晰的概念，我們對這些公司曾經採取過比較診斷式的方式，也就是對各個單位或公司進行比較。有些公司會把這種比較方式應用在控制及找出公司當中哪些領域具有最大的改善空間的目的上。各位可以把整個公司區分為幾個大單位，然後開始把這些單位和模範對象加以比較。這種方式特別適合不具競爭性的環境，或即將民營化的產業（譬如電信、能源、或民航）。透過廣泛、但是卻不深入的診斷，人們往往可以找到需要進一步研究的地方，這種地方通常就是公司中最需要進行改善的領域。

判斷需要改善的領域顯然有許多辦法可以利用，最重要的是，這必須和公司短期和長期的效率相關。最近幾年，瑞典某個政府機關發現年紀和能力是他們面臨最緊要的問題之一。他們許多資深員工都已經逼近退休年限，但是他們卻無法成功的留住年輕的員工。後來我們為這個政府機關設立一個目標：「找出能夠確保長期能力可用性的方法」，這樣的目標對他們未來為其服務使用者創造價值的能力息息相關、而且非常重要。

二、員工的接受程度

我們有幾個不同的方法可以選擇需要改善的領域。有些案例中的經理人已經對於需要改善的領域有所掌握，不過他們可能會利用診斷比較的方式來判斷應該對哪個領域進行改善，也有的人會從公司員工廣納建言。不過當他們一旦鎖定應該改善的目標，就應該積極尋求機構成員的認同和接受。凡是可能會受到變革直接或間接影響的人員，都應該對此有充分的認識，並且願意全心全意投入這項計劃。

因此接下來這個重要的步驟就是找出標竿學習的目標團隊，也就是會受到變革影響的人員。我們有一次碰到一個專案，目的在於降低瑕疵品的數量，因此整個生產線四十名員工都成為目標團隊。有一次我們比較兩家公司的招聘流程，該目標團隊包括招聘部門所有成員（包括中央和地區）。易利信元件公司的案例中，所有人事部門人員都屬於目標團隊。至於那個想要留住年輕員工的政府機構，由於這個問題其實會影響到機構內的每個人，因此必須要所有成員都能夠接受這項計劃才行（其中當然也包括了資深員工）。

易利信元件公司和政府機構，以及我們所接觸過的標竿學習案例幾乎無一例外，都是召集目標團隊的成員，並且透過聯合演練讓他們接受這項專案的目標。這種做法的目的在於確保全體成員對這個目標領域的相關要素都有清楚的了解，並且認同該專案所設定的共同目標。最重要的是，高層主管（在我們這幾項案例當中則分別是人事部門主任和總經理）必須展現支持的態度，並把專案視為優先要務。

除了取得全體成員的共識之外，解釋標竿學習到底是什麼東西，以及變革管理過程中需要和效法模範進行什麼樣的互動，也是非常重要的環節。這最終的目的不只是要解決某個特定的問題而已，而是要建立起一種願意不斷向模範效法、學習的態度。訓練目標團隊並讓他們自己測試這套方法，也可以讓他們充分了解標竿學習。在有些案例裡，我們開宗明義就要求目標團隊的成員在他們的公司中尋找值得效法的模範。結果獲得一長串值得人們效法的模範名單，後來我們在標竿學習專案的後面階段能夠加以應用。

本書作者群中有兩位是在同一家顧問公司服務的同事，他們開發出其他能夠輔助員工理解標竿學習的工具，並且能夠說明為什麼良好模範具備指引的教育效果。譬如，我們有套模擬工具，讓成員接觸到「可能的標竿學習狀況」，並且提供不同的選擇讓他們挑選，事實證明這套工具對於學習非常有效。

變革管理還有一項重要的考量，那就是公司對於變革的接受程度，這也是確保員工能夠接受專案計劃不可或缺的要素。對於有些業務而言，變革根本就是家常便飯，但是有些機構和公司則對變革感到陌生，並且對標竿學習和其他一些協助他們改善效率的措施存有誤解，甚至於心生恐懼。個人也是一樣的道理，就算公司對於變革的適應能力不錯，但是總有一兩個人會因為某些原因而視變革為洪水猛獸，認為這會危及他們的工作保障。因此在爭取員工認同的同時，還必須注意到公司文化、公司對於變革的接受程度，以及個別員工對於變革的疑懼。各位可以利用測試或問卷的方式來進行衡量，藉以對公司的文化有更深入的認識，從而了解公司員工對於改變行為模式的適應程度如何，或願不願意對自己的行為加以調整。

三、專案機構

當各位頭一次進行標竿學習計劃的時候，必須讓這樣的計劃正名，賦予正式的地位。雖然標竿學習最終的目的在於影響公司對於學習的態度，但是各位依然需要非常清楚的界定計劃的起始、中間、完成階段，才能夠判斷是否達到公司所認定的成功標準。專案還有個好處，那就是公司能夠根據現有特定的條件來組織專案，而且能夠打破階級藩籬來選擇專案的成員。此外，專案還能夠讓成員感到高度的參與感。標竿學習是一種「由下而上」的過程，而其主要目的之一就是讓公司員工願意高度投入且對於結果也心悅誠服。

這樣的過程能夠成就三贏的局面。員工能夠獲得高度的工作滿足感，管理階層則能夠獲得更有效率的表現，客戶（也就是機構生產服務或商品的使用者）能夠獲得更好或更便宜的商品或服務。簡單的說，這三大相關族群都能夠互蒙其利，也就是公司擁有者、主管、員工和客戶。

標竿學習專案比一般性的工作還需要投注更高的精力和決心。因此，我們認為參與標竿學習專案的員工必須心甘情願才行，也就是讓參與的員工覺得專案的進行對他們自己也有好處。要達到這個效果的方法之一，就是在專案開始的會議裡要求目標團隊成員回答他們在專案中扮演何種角色的問題。不過，並非所有有意加入團隊的人都能夠回答得出這樣的問題。這個方法主要是把個性、經驗、工作職能具有互補功能的人團結起來。如果各位有機會的話，可以讓整個目標團隊的成員都參與這樣的測試，藉以釐清自己在團隊中所扮演的角色。

有許多不同的測試方法可以應用在這樣的目的上，我們自己就曾經利用過英國亨利管理學院(Henley Management College)梅瑞狄思・貝爾賓博士(Dr. Meredith Belbin)和他的研究團隊所開發出來的貝爾賓團隊總類指標(Belbin Team Type Indicator)。貝爾賓博士與其團隊經過深入的研究之後，根據個別成員彼此的貢獻、相互的關係，以及互動成功的歸納出九種團隊角色。這並不是性向測試，而是判斷團隊成員如何彼此互動的模式，並且從而選出彼此互補的專案團隊成員。此外，這方面的資訊對於稍後幾個步驟也很有用，譬如凝聚團隊並加強對於團隊成員行為模式的了解。

以下將簡短敘述這九個角色。最後挑選專案團隊成員的大權通常是掌握在顧問和公司或機構中專案發起人手中。

團隊內的角色	特　色
育苗者(plant, PL)	育苗者是具備創新、發明特質的人。如果所屬團隊的組合得當的話，他們可能會非常具有創造力。這類的人通常很有智慧，而且很有想像力，喜歡獨自作業，以及偏好創新的方法。有時候他們在與他人溝通方面會有問題。

監督評估者(monitor evaluator, ME)	監督評估者通常很嚴肅、思考慎密，正因為如此，可能要很久才能夠下決定。他們擅於批判式的思考模式並具備精明的判斷能力，考慮事情的時候能夠面面俱到。
協調者(co-ordinator, CO)	協調者最顯著的特性在於他們能夠將其他人凝聚起來的能力。這類人物的個性成熟、值得信賴、信心十足、而且願意代表他人。雖然這類人物未必是團隊中最聰明的人，但是他們擁有豐富的經驗，因此眼界也更為寬廣。他們通常都是眾人敬重的人物，有時候這些也是長袖善舞的人物。
塑形者(shaper, SH)	塑形者對於成功有很大的慾望，而且動力十足。他們喜歡領導他人，並激勵大家起而行。就算面臨障礙，他們也會找出解決的方法。這類人物是團隊中最有競爭力的角色，喜歡向他人挑戰，而且下定決心一定要贏。
資源調查者(resource investigator, RI)	資源調查者通常是個性樂觀、外向的人，溝通技巧良好。他們是天生的談判者，而且擅長於開發新的機會和向外接觸。他們可能不會貢獻獨創的點子，但是他們很會採用和開發別人的點子。不過如果沒有適當的刺激，資源調查者很容易就會對目標喪失興趣。
團隊工作者(team worker, TW)	團隊工作者關心其他人，可說是團隊中最會支持他人的成員。他們對於新狀況和新人物的適應力強。團隊工作者的個性具有彈性，接受能力強，而且擅長社交，會全心全意的投入工作，不過在面對重大抉擇的時候可能會陷於優柔寡斷的窘境。
實踐者(implementer, IMP)	實踐者擁有常識，很有自制力，而且很守規範。這類人物非常努力工作，而且會有條理的處理問題。實踐者對於公司忠心耿耿，而且比較不會那麼在意個人的野心。但是有時候卻失之僵

	化，而且臨場反應的能力較差。
完成者(completer, finisher, CF)	完成者具備完成任務的高超能力，而且非常謹慎，注意細節。如果沒有十足的把握可以完成，他們根本就不會去投入。這類人物雖然外表看起來很冷靜，但是內心卻其實很焦慮，而這樣的焦慮感也會驅使他們努力完成任務。完成者可能無法忍受態度比較沒有那麼認真的人，而且通常不願意代表眾人。
專家(specialist, SP)	專家具備技術方面的專長或專門項目的知識，而且對自己的專業深感為傲。這類人物最有興趣的事情是致力於維持專業標準，以及提倡、捍衛自己的專業領域，但是往往對他人的專業不感什麼興趣。

標竿學習理論中，我們把執行這種開發專案的責任分配給公司本身。不過這並不表示管理階層在這當中的角色會比較不重要，管理階層還是必須協調專案的進行並提供專案小組應有的支持和所需要的資源。這通常是透過控制團隊(control group)來進行，這種控制團隊也可以說是專案中的監督員(commissioner)。控制團隊最重要的功能之一就是支援專案團隊、協助專案的執行和結果的溝通。有不少案例都是機構某個部分成功的進行改革，但是別的部分卻沒有跟上這樣的腳步，因此別的單位或部門主管的參與也是個好辦法。標竿學習中控制團隊的功能將會在下圖中加以說明。

有鑑於我們對於專案參與和爭取成員認同等議題的討論，不斷和專案所有相關成員保持對話管道是很重要的課題。根據目標團體的規模大小不同，各位可以設立一個或一個以上的參考團隊。參考團隊和專案小組就如同專案在公司中的大使一般。在政府機構中，參考團隊和專案小組在專案進行期間會聚在一塊好幾次，藉以確定專案的進度和品質無虞。專案小組也包括各個單位的成員，這些人所扮演的角色就像和目標團隊其他人溝通的額外管道一樣。

標竿學習中控制團隊的功能

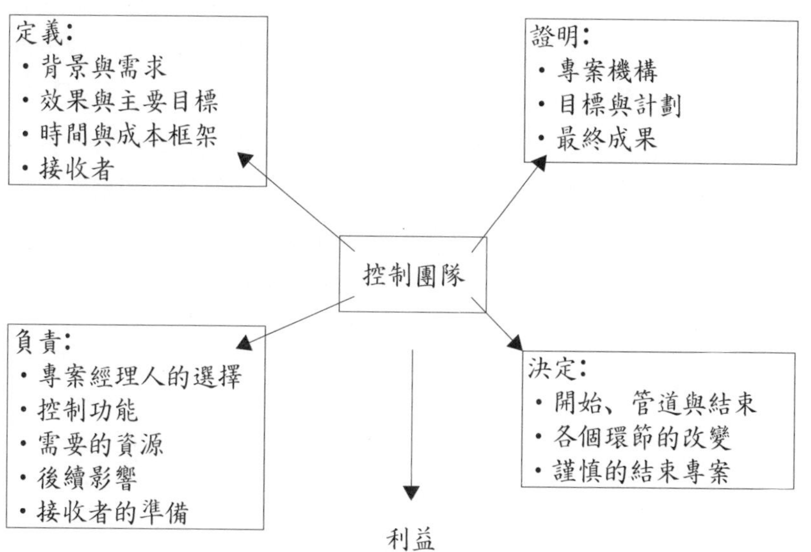

各位是否準備好進入第二步驟？

- 充分了解並認同標竿學習專案的目的和主旨。
- 需要改善的領域有清晰的界定。
- 目標團隊對於標竿學習的方法和流程有充分的了解。
- 對專案組織有所界定。
- 控制團隊、專案小組和參考團隊每個成員都了解自己個別的功能。

第二步驟：設立有效的學習團隊

現在越來越多公司或機構會以專案的型態組織工作，許多公司甚至於發展出自己的一套流程，藉以協助專案的進行和監督其進度。製造業對此尤其熱中，在組織工作小組以及目標導向團隊這些方面都有相當長足的進步。不過，每個公司的專案成熟度和團隊工作的熟悉度都不盡相同，甚至於同一個專案內的每個成員也不會一樣。而且，專案型態的工作往往會忽略掉團隊學習層面和透過對話進行的學習概念，結果不但使得所屬公司喪失成長的契機，也使得員工折損學習的能力。因此標竿學習的首件要務（甚至在專案小組開始分析應該選擇哪些領域作為改善目標之前），在於設立有效的學習小組。

為了方便說明，我們分成三個步驟：

- 建立團隊
- 刺激學習的能力
- 專案方法論

一、建立團隊

如果專案小組要有效的運作，並且齊心協力的開發學習能力，那麼專案成員就必須對彼此都具有信心才行。對於剛剛成軍的專案小組而言，其中的小組成員雖然大都知道對方（至少知道姓名或看起來很眼熟），但是由於標竿學習往往牽涉到公司裡各個不同單位或部門的人，這些小組成員很可能並不習慣和彼此如此緊密的合作。因此我們會利用不同的工具來讓小組成員之間的感情更加緊密，以及協助成員加強對彼此的了解。

威爾・舒茲(Will Schutz)針對許多團體進行一番研究之後，提出

「基本人際關係定位」(Fundamental Interpersonal Relationship Orientation, FIRO)，這也是最廣為各界接受的團體開發理論。舒茲把團體開發分成三個階段：

- 參與(inclusion)
- 控制(control)
- 感情(affection)

在「參與」這個階段當中，人們常常會問自己這樣的問題：「我為什麼在這兒?」「這個團體有些什麼樣的規則?」「我能夠維持自我的定位嗎?」在這個階段，他們通常還有些三心二意，還沒有下定決心要全心全意的投入。不過當他們開始進入「控制」這個階段的時候，會積極參與團隊的活動，願意承擔更大的風險，並且希望展現出獨立自主的一面，顯示他們對於團隊並沒有那麼的依賴。如果團隊沒有泡沫化的話，早晚會進入「控制」這個階段。這時候團隊成員會開始和團隊領袖爭辯，團隊裡會形成各自為政的小團體，團隊裡的衝突熱度升溫，而且發生衝突的次數也會向上攀升。這對於許多團體而言都是麻煩的階段，有些團隊甚至於無法成功的度過這段風暴期。「感情」是團隊發展的第三個（也是最後一個）階段，當團隊發展開始進入這個階段的時候，團隊成員已經具備相當的信心，對於衝突能夠應付自如，如果有爭辯的情況也能夠順利排解，或找到有建設性的解決方案。達到這個境界的團隊就算碰到衝突，也會把這看成是大家共同面對的問題，也是讓團隊能夠進一步成長的契機。團隊成員能夠自由的溝通想法、意見，也懂得傾聽的藝術，並且願意接受彼此的建議。溝通的管道暢通，而且團隊成員態度直率、坦白，成員對於團隊有很高的信賴感，並且積極彼此支援。根據舒茲的「基本人際關係定位」理論，討論團隊發展和加強彼此的信賴感，都能夠協助團隊加入達到「感情」的階段。

團隊建立過程中還有一個很重要的層面，那就是團隊成員應該盡量擁有不同的特質。如果你成立一個工作團隊，結果裡面成員的個性和背景全都一樣，那麼創造力和更新的能力必然比不上成員背景各異的團隊。我們先前說過，各位可以對目標團隊進行測試，看看裡面的成員在團隊工作中各自扮演什麼樣的角色。如果你們當初在選擇團隊成員的時候沒有這麼做，那麼現在做也不遲，各位可以藉此了解團隊裡有什麼樣的人物。這個辦法有助於人們更能夠接受團隊中不同的角色，而且團隊個別成員的角色也有更清晰的定位。透過各式各樣的測試和練習，團隊成員在彼此溝通的時候，也更能夠了解這些獨特的專業術語到底在說些什麼：「我們現在團隊裡需要一名團隊工作者(team worker)」、或「你們能否敘述自己的心理模型(mental model)?」

為了協助讀者更能夠理解我們所謂團隊的參考框架(frame of reference)，並且提供各位有關於團隊一些新的想法，我們在此說明團隊有哪些重要的特點：

1. 小型團體：團隊組成人數通常不會超過六到八名成員，當然，要組成規模比較大的團體也是可能，不過就算是規模比較大的團體，也會逐漸分裂成小單位，團隊原本的目標也會跟著產生許多分支。
2. 互補的技能：團隊成員必須具備各式各樣的技能和背景，這樣當他們面臨挑戰的時候，才能夠有水準之上的表現。團隊中通常需要有三種技能：
   - 技術的技能或功能性的技能
   - 解決問題的技能與決策的技能
   - 建立關係和溝通的技能

3. 共同的目的：團隊成員是否為共同的目的奮鬥是這個團隊是否在控制之中的指標。除非團隊的共同目的是由成員自己所設定、認同的，否則他們也無法發揮團隊的功能。至於團隊成員對於共同的目標和工作方式是否達到百分之百的共識則沒有那麼重要。如果你把不同看法的人組織起來，共同為某個目的而努力，那麼過程中勢必會有意見分歧或爭辯的情況發生。
4. 共同的表現目標：當團隊成員為共同的目的(purpose)努力的時候，他們也能夠從而獲得啟發和情緒上的能量，這些對於團隊運作都是很重要的元素。至於所謂的目標(target)則是一種具體、實際、能夠衡量的結果，團隊必須要達到這樣的結果才能夠攀升到成功的境界。
5. 共同的、達成共識的工作方法：若要達到共同的目標，團隊勢必要對於應該做的工作加以界定和分配。有效的團隊會在三個領域開發參考框架(frame of reference)：第一是責任的部分，以及功能層次的勞力和解決問題的能力，第二則是工作的行政部分，第三是團隊工作行為的規則——也就是團隊的文化。
6. 共同的責任：團隊成員如果沒有認清自己也必須負擔共同的責任，那麼自然無法為共同的目的、目標而努力，當然也無法針對工作的方式達到共識。共同的責任並不是說個人就沒有責任了，每個成員都必須對自己對於團隊的貢獻負責。

二、刺激學習的能力

我們在第三章裡討論過刺激個人學習能力的議題：如果每天工作陷入例行的模式，那麼個人的學習能力很可能會鈍化，而員工也可能會把學習的能力轉用到工作之外的地方去發揮。標竿學習這套辦法能夠為工作注入新的活力和變化，並且從而刺激員工的學習能力。此外，我們也希望透過訓練專案團隊，讓他們能夠更有效的溝通，並且進一步加強學習效果。更重要的是，如果標竿學習顧問擁有豐富的知識和經驗，知道如何鼓勵團隊成員反省和對話的方法，這樣團隊還能夠更快速的建立起自己的學習技巧。

比爾・愛賽克(Bill Isaacs)這類的「對話」(dialogue)研究人員非常強調團隊工作中對話的重要性，並且認為對話是讓團隊真正一塊學習的重要工具。他表示，團隊學習從對話開始，「對話」也是團隊成員擺脫假設的階段，真正進入「一塊思考」的境界，共同為如何解決問題而努力。不管是用哪種語言來解釋，「對話」都表示一種會話或在團體中討論、溝通某種訊息。不過「對話」和團隊學習結合之後，就不只是這樣而已。在比爾・愛賽克所著的《對話與共同思考的藝術》(*Dialogue and the Art of Thinking Together*)中，他引述亞里斯多德的話指出，我們人類和動物之所以有別，正在於使用語言的能力上。不過，人們似乎比較在乎別人是否理解自己的想法，往往投注大量的時間解釋自己的想法，但是對於別人所說的話卻不怎麼在意（有人曾經這麼說過：「上帝為什麼給人類兩個耳朵，但只有一個嘴巴，其實有他的道理在。」)「對話」的目的和討論略有不同，討論的目的是為了作出決定或下結論，但是「對話」則是為了突顯某些可能性並找出新的視野。「對話」的重心並不是在於選擇，而是為選擇尋找立論依據。「對話」如果要有成效，所有成員都必須這麼做才行：

- 審視先前所設的假設，並且準備接受新的點子
- 居於平等的地位，不管在正式的組織架構中居於什麼地位，在專案團隊中大家都是以同事相稱
- 以問題、意見與省思來積極投入對話

還有一點很重要，各位應該記住要解釋自己的想法，而不是不斷的丟出自己的意見：「我是這麼認為……這是我如何作出結論的方法。」你們也應該鼓勵同事這麼做：「這個想法很有意思，你是怎麼想到的?」如果你學會如何解釋自己的想法，並探索他人的想法，那麼未來學習的過程也會更加容易。很明顯的是，解釋和探索的相對重要性可能會根據情況不同而有所差異。不過，要達到共同學習的效果，我們必須在解釋自己的想法以及探索他人想法之間尋得平衡才行。

解釋：解釋自己想法的藝術		低	高
	高	指引	雙方互相學習
	低	觀察	訪問

探索：詢問問題的藝術

這個矩陣顯示四個情況，每個情況各自需要不同程度的「解釋自己想法」以及「探索他人想法」。

在此介紹一項自我檢驗的問題清單，這個靈感來自於彼得・聖吉的《第五項修練實踐篇》這本書。各位可以這項清單來了解應該如何在解釋性的問題和解釋性的說法之間取得平衡。

解釋自己想法的藝術

你做些什麼?	你說些什麼?
透露你思考的方式和你的假設，慢慢攀上階梯，然後敘述你觀察到的資料。	「我是這麼想，而這是讓我這麼認為的理由。」

釐清你的立論。	「我下這個結論的理由是……」
以開放的心胸讓你的假設接受挑戰，並且邀請其他人來挑戰你的說法。	「你覺得我剛才說得怎麼樣?」
說明你的想法中有哪些是最不清楚的部分。	「這裡你或許能夠幫我。」

問問題的藝術

你做些什麼?	你說些什麼?
要求別人敘述他們的心理模型，引導他人一步一步審視自己的想法。	「你如何得到這樣的結論?」
語氣或用詞遣字避免過於激進，免得對方避之唯恐不及。	「我這個部分不懂，你能夠幫我嗎?」
解釋你為什麼這麼問。	「我之所以這麼質問你的假設是因為……」
確定你是否了解對方所說的話。	「你是說……對不對?」

三、專案方法論

我們先前談到專案的時候曾經說過，每家公司對於專案的知識或工作經驗都不一樣，甚至個人對這方面的認知也不盡相同。因此我們認為有必要對如何有效進行專案這個議題加以探討。

在政府機構中，我們曾經利用成員自己對於專案工作的經驗（在工作或在其他領域的應用經驗）來討論如何進行專案最好的方法。由於討論的方式和人員自己親身經歷過的狀況息息相關，他們很快就能夠從過去的經驗中得到啟發。而且，由於人們有機會彼此交換以往專案工作有好有壞的經驗，團隊也得以更容易進入「感情」的階段。

許多業者為了提升專案品質，業已積極展開各種的訓練計劃。譬如易利信，他們整個專案小組都接受“PROPS”的訓練，這是易利信集團普遍採用的專案管理和控制辦法。我們在進行標竿學習過程的時候，也會採用若干“PROPS”的訓練方法，藉以方便和別的專案比較和有效的進行後續追蹤工作。

團隊對於作業流程與規則產生共識之後，可以建立起一套「團隊的合約」，藉以加強成員遵守團隊的遊戲規則。這也讓成員有機會定期審視自己的工作，並且想想看自己有沒有遵守大家共同制定的規定。以下有幾個標竿學習專案規則的範例：

- 我們將會把重心放在工作上
- 我們將以目標為主要導向
- 我們將會一心一意投入專案和團隊的工作
- 我們會維持良好的規範（會議的次數、事前做好準備、並且執行分派的任務）
- 每個人都有份內的工作
- 我們將會仔細傾聽彼此的心聲，並抱持著開放的心胸
- 我們每個人都有責任解釋自己的看法
- 我們不會只是因為談話而談話
- 我們將會好好享受這個過程

我們先前曾經列舉過貝爾賓博士和他的研究團隊所開發出來的貝爾賓團隊總類指標，說明專案工作中團隊成員所扮演的角色。不過除此之外，專案團隊裡還有更多和工作息息相關的重要角色。「誰應該

負責主持會議?」「團隊裡有沒有一個特殊的角色——專門負責確定大家都有機會發表自己的想法?」「團隊裡有沒有人願意接下吃力不討好的工作?」「有誰負責記錄決策和結果?」我們建議各位可以讓團隊成員互相交換所扮演的角色，這麼做能夠讓大家都有機會試試看不同的工作，並且分攤工作量。在標竿學習過程有些環節中，你們可以指派某人擔任觀察員的角色，負責觀察專案團隊的工作，這樣的做法能夠對學習這個議題激發出很有意思的回響。

各位是否準備好進入第三步驟?

- 團隊成員是否彼此信任，並且對團隊產生感情?
- 團隊成員是否對作業流程與團隊的規則達成共識?
- 專案團隊對於專案工作有沒有足夠的認識?
- 專案團隊成員對於各種學習模式有沒有清楚的認識? 團隊成員對於各種學習模式能夠如何應用在自己的工作上有沒有概念?

第三步驟：分析目前的情境

要想了解他人，我們必須要先了解自己才行。許多人對於自己的作業模式都還沒有清楚的認識，就想要去和別人進行比較，這樣自然是白忙一場，我們就看過很多這種功敗垂成的失敗案例。這和我們於第四章所討論的「接收者能力」是一樣的道理：你自己得具備相關的經驗基礎，才能夠從別人的經驗中獲益良多。而且，除非你已經知道自己想要學些什麼，否則很難判斷出你到底應該要向「誰」效法。我們接下去討論之前，先在這兒介紹幾個相關的案例。

有一家公司的老闆決定利用別家公司的經驗和知識來促進自己公司的業務，為了盡量讓每個員工都有機會加入這個偉大的計劃，這個老闆把全體員工劃分為幾個團隊，然後派他們去同業拜訪、觀察他們的做法。員工對這做法的熱情維持一段時間（大家都對能夠擺脫日常工作桎梏，去別家公司看看別人如何做事的方法感到興奮不已）。不過後來卻不了了之，一個禮拜之後公司就回到原來的工作模式，什麼也沒有改變，這個老闆不禁懷疑到底是哪裡出了問題。

其實他有很多地方都做錯了。公司員工之所以未能從和同業比較的做法中受惠，主要是因為公司並未努力了解自己希望從他人身上獲得哪方面的借鏡，或他們希望討論哪些層面。結果使然，比較的過程進行得馬馬虎虎，都是表面文章而已，討論的重點也多放在公司所在地區或公司的發展歷程，而不是討論他們為什麼成功，他們做事的模式如何，或有哪些值得效法之處。另外還有一個很重要的原因，就是這家公司並未試圖為員工建立起「接收者能力」。員工事前根本沒有做好準備，無法吸收比較過程中所獲得的知識和想法。

現在讓我們再談另外一個案例：我們最近合作過的這家公司面臨非常艱困的挑戰，他們的生產流程問題重重，生產流程中單單一個錯誤就可能使得好幾天的努力付諸流水。由於他們的產品需求量非常大，因此這樣的問題更形嚴重。該公司的管理階層很快就決定採取研究良好範例的方法。像是醫院、核能電廠和飛機場塔臺等地的作業都是不容許出錯的，不只這幾項，類似的工作環境還有許多例子可以列舉。不過這家公司決定比較對象之前，他們先派出一個專案團隊研究自己究竟應該針對「什麼部分」來加以改善。該團隊仔細研究過過去六個月中曾經出過的問題，並且根據問題總類和原因來進行分類，這個方法讓該團隊能夠清楚看出哪些部分應該加以修正。絕大多數的錯誤都是因為內部狀況所造成的，主要是因為執行人員在不同的狀況之下不知如何因應所致。

這家公司因此了解到自己應該從仿效的對象身上學得如何縮減

新進操作人員（這家公司那時候正在快速的擴張）的訓練時間，並且建立起一套方法，從過去曾經犯過的錯誤吸取經驗，避免未來再重蹈覆轍。這麼一來，他們就不用觀摩核能電廠或飛機場的品質管制系統。如果這個標竿學習專案小組一開始的時候沒有著手研究到底公司出了「什麼問題」，那他們很可能要冒著很大的風險——要是挑錯效法的目標，那他們的問題恐怕會更加嚴重。

發掘自己到底需要從良好典範身上學到什麼，可說是標竿學習理論中非常重要的課題，而這也是第三步驟的重點。不過，這其中也包括幾個步驟：

- 對於需要改善的領域進行全盤性的理解
- 敘述目前工作是如何進行的模式
- 辨認與分析改善過程可能會面臨的問題
- 找出比較過程的衡量要素——也就是重要指標和敘述的流程

首先，各位應該對需要改善的領域進行全盤性的了解，並且觀察這個領域和業務其他部分之間有何關係。若要獲得全盤性的觀點，用圖表的方式來說明應該是最好的方法。流程圖示(process illustrations)這套方法越來越普遍（參考下圖），現在還出現各種輔助性的技術來協助人們製作這類圖示。

易利信集團開發出一套叫做「能力管理」(competence management)的標準流程，因此我們決定利用這個來作為解說的起點。

敘述目前工作流程的第一個步驟是要回答兩個問題：

1. 生產線經理如何處理能力管理流程？
2. 人事部門在這方面如何支援經理？

為了解答第一個問題，該專案小組和生產線經理進行一連串的訪談。他們以經驗、員工人數、業務類型、地理區域等等作為參考指標。

能力管理流程

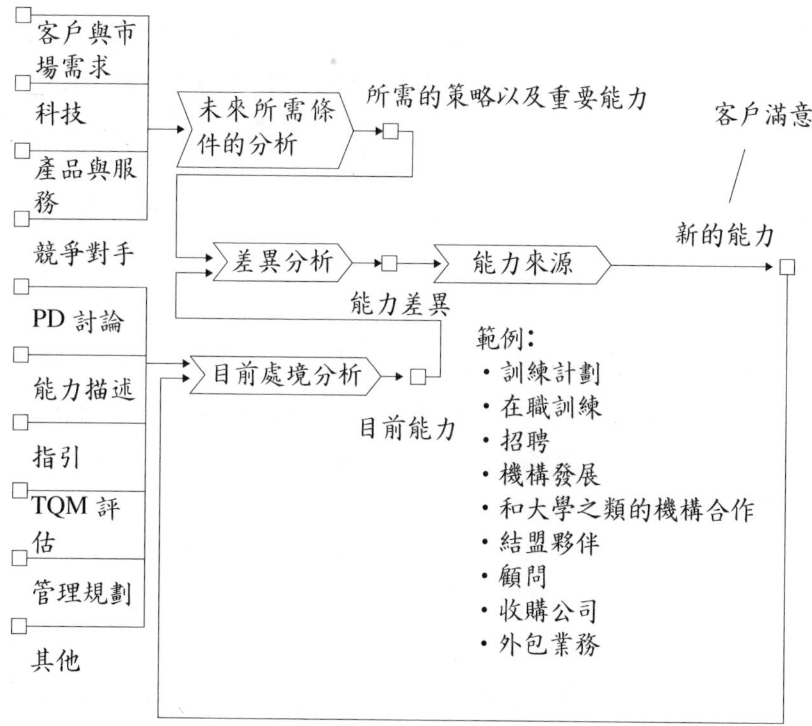

易利信集團的能力管理流程是敘述目前情況的起點。

至於第二個問題，他們進行了一項調查活動，釐清人事部門各種不同的工作以及人事部門如何影響生產線經理在能力管理方面的工作。

專案小組釐清生產線經理和人事部門主管的工作並對其角色加以分析之後，就可以很輕易的找出一些應該進一步研究的地方，並且為其找出良好的仿效模範。這包括了管理階層的參與程度、支持能力管理的標準化工具和方法、人事和生產線部門的責任分野。

我們在政府機構也是以類似的一套方法來進行。向我們諮商的專案小組畫了一個圖表來說明能力供給的領域，作為接下來各式工作的起點，他們把「能力供給」(competence supply)定義為「吸引、開發、維護我們營業所需的能力」。他們整體營運必須滿足的需求，以及這個過程中所需要的能力，都是很重要的參考基點。下個步驟就是調查所有和能力供給有關的活動。剛開始的時候不用研究這些活動如何進行的細節，甚至於這些活動是否適合也不用詳加探討。這些評估工作可以在下個階段進行，下個階段的重點在於找出有問題的地方並加以分析，同樣的，專案小組也會發現一些值得進一步探討的問題。在進行調查和分析工作的時候，控制團隊、參考團隊以及各種不同的相關運作單位都要牢牢記住專案的基本原則，這樣才能確保目標團隊每個成員都能夠獲得這樣的訊息。

自我營運的分析工作實在太重要了，就算再多強調幾次也不為過。這種工作有兩個主要的優點，以下讓我們簡短的加以介紹。

首先，分析本身往往能夠激發出令人意想不到的見解，對於標竿學習過程能夠貢獻非常寶貴的價值。有家航空公司理所當然的認為所有航空公司的「路線維修」(也就是班機降落之後在地面進行的簡單維護工作) 都是一樣的事情，就算在不同的飛機場也是一樣。不過，他們後來發現原來各個航空公司各有不同的作業方式，就算同一家航空公司在不同的飛機場作業方式也不盡相同。譬如清洗廁所、把椅背扶正、將機翼除霜、充電等等工作在某些業者的作業中是不包括的。因此在比較的過程中，務必要注意到各家業者對這項工作的定義裡到底包括哪些內容。我們先前曾經提到「透過他人的觀察來看清自己」。不過在透過別人來看清自己之前，自己就應該對自己有清楚的分析，不過令人驚訝的是，這樣的重要工作往往會被忽視掉。

不過，這是一個很微妙的問題，我們大可說公司員工大多不知道自己在做些什麼。不過當然，這並不是真的，我們要說的是，這些人並未對自己的工作流程和活動以分析的態度來加以研究，這些工作都是標竿學習理論中非常鼓勵大家去做的。我們發現有許多這樣的例子，而且每個案例的狀況都不盡相同。

至於找出需要改善領域的第二個重要動機則是我們先前所說的：業者必須以有組織的方式來運用知識和靈感，才能夠達到理想的成效。我們向公司解釋標竿學習的時候，他們往往會急著出去尋找值得仿效的夥伴或是計劃到別的公司拜訪。他們往往難以了解先行自我分析的真諦，我們必須非常仔細的解釋，並且讓他們了解自我分析這個第一步驟的重要性。如果只是一味的盲目拜訪公司，結果不過是浪費公帑的大拜拜而已。員工可能回來說別人的作業模式如何有意思，但是這對他們自己公司的影響力根本是零。

我們最近為一家大型顧問公司完成一個專案，事前準備和自我分析的重要性在這個專案中更是突顯無疑。該顧問公司先前曾經拜訪過其他國家的同業，但是並未出現任何實質的成效。不過後來我們為該公司抓出幾個應該改善的領域——譬如季節性的工作量落差、顧問之間的合作、表現控制系統等等，該公司隨後和仿效模範進行比較跟互動之後，發現到非常有用的資訊，讓他們能夠應用在自己的作業範圍上。這家客戶當初的問題和大多數案例一樣，都是沒有注意到自我分析的重要性，就盲目的出去忙著研究別人的做法。

因此，在談到營運分析的這個部分，我們有兩個主要的重點：一是充分了解自己的公司營運，二是從良好典範身上學到知識。有許多方法可以讓各位對自己目前的作業流程，及其成效獲得全盤性的了解，各位所選擇的方法顯然要看你們要改善的領域而定。在這裡所講到的案例則和行政流程有關，因此傳統類型的流程調查或許可以適用。不過各位可別忘了評估這個流程，並且試著找出改善空間最大的領域。許多公司的品質保證計劃都會利用交叉式圖表(herringbone diagram)，這種圖表是很有用的工具，能夠協助各位將需要改善的領域進行問題分類。

交叉式圖表分析範例

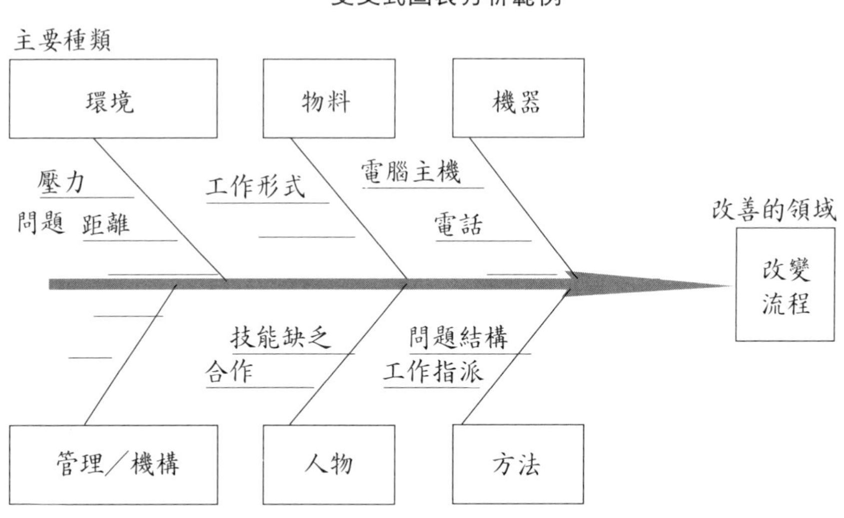

一、對等的衡量標準

標竿學習這套方法的好處之一，就是它能夠把各種不同的層面整合起來。我們先前已經討論過抽象和具體、理論和實際、自己的業務和所處的周圍環境等不同的層面。另外還有事實和感覺這兩個不同的層面。標竿學習希望能夠建立起一種學習和對話的模式，並且從而改變人們的態度。不過標竿學習也是一種以事實為基準的方法。因此各種不同的衡量標準和指標在標竿學習計劃中占有非常重要的地位。許多智者這麼說：「凡事以衡量標準為主」，在此就讓我們把衡量標準應用到我們的焦點上。雖然這裡的主題是衡量標準，但是我們也要給讀者一些建議，讓大家了解標竿學習上的一些應用之道。

我們剛開始接觸標竿管理的時候，很快就發現對等衡量標準(calibrated measurement)的好處，這讓我們可以確定比較對象是否對等，譬如說比較的是蘋果還是梨，而不是一整籃的水果混在一塊來比。對等衡量標準雖然如此重要，但是做起來可不容易。現在許多企業各個單位必須分擔的經常性費用占總成本的比例很高，因此要找到適合的比較標準和要素更是個深具挑戰性的任務。

如果衡量要素不夠精確，那麼比較結果會對營運效率出現錯誤的訊息。這樣會讓人們有藉口說這些比較結果和自己的處境不能相提並論，藉以推託不願意接受比較的結果。而且，這會使得人們的學習能力受到阻礙，結果根本達不到改變的效果。

有些企業會利用主要指標將自己的效率和別的公司或是單位進行比較。就算公司分處不同的產業，只要作業流程類似，雙方都可以針對這個作業的效率進行比較、衡量，並且從而建立起一個基準點：「××公司管理其應收帳款可以達到這樣的效率，我們的效率則是如此……」。如果各位想要為這個問題找到解答（怎麼知道自己的營運有效率），那麼這是一個非常重要的關鍵。下個步驟就是找出效法對象為什麼能夠如此有效率的原因。不過各位要記住，不要用了太多的關鍵指標，因為太多指標只會模糊焦點，結果就和完全沒有比較一樣等於是零。

我們發現許多案例對於解析主要指標所需的訊息付之闕如。如果是這樣的話，專案小組應該進行特殊的衡量或是某種補充性質的分析，藉以建立起所需要的參考點。譬如，他們可以詢問服務的使用者問題，從而對他們的服務進行評估，或衡量某些事情發生的頻率（譬如客戶抱怨、生產停頓等等）。或者，他們也可以衡量某些事情需要多長的時間才能完成，或各種不同活動的時間如何分配等等。衡量事物能夠把重點突顯出來，因此針對適當的指標加以衡量是很重要的課題。如果把衡量重點放在計算犯了多少錯誤上，可能會使得人員不願意誠實申報錯誤，結果可能比不做還糟糕。如果單單衡量銷售人員打了多少通電話，那麼可能會促使業務人員故意多打電話，但是對於實際的銷售成績卻沒有任何助益。

衡量這個議題的實際應用還有一個重點，就是你們找到的良好典範是不是真的適合你們仿效。你們為良好典範設下的標準為何？我們前面談過一個政府機構的案例，他們無法留住剛出校門的年輕員工，這個案例的重點在於新進員工的流動率。因此很明顯的，如果別的公司有同樣的問題，而且年輕員工的流動率比他們還高，那麼他們根本不用向這種公司看齊。另外還有些關鍵指標是易利信元件公司以及這家政府機構都很有興趣的，譬如人員表現評估訪談、個別開發計劃的數量、能力管理同類工具中用了多少經理人（易利信）或國際專案的數量（該政府機構）。

不過，並非所有的事情都是可以衡量或量化的。這也是為什麼流程敘述、圖表說明，以及專案小組所擁有的知識會攸關比較過程的成敗。衡量雖然必要，但是並不足夠。

各位務必要確定所有的用語、衡量和敘述都有清楚的界定並確實的溝通清楚，這樣你們才能夠確定專案計劃中比較的是對等的事物，也才能成功和仿效對象進行經驗的交流。如果不這麼做，你們可能會犯了亂比一通的謬誤，就如同拿蘋果和梨來互相比較，自然比不出什麼名堂。

我們在介紹第三步驟的時候曾經說過，這個練習的目的在於判斷我們希望從仿效對象身上學到什麼。透過這樣的做法，專案小組和公司能夠建立起穩固的接收者能力，讓自己能夠更充分的利用從下個階段獲得的知識與經驗。此外，第三步驟的調查和分析能夠產生非常寶貴的結論，對於公司許多層面而言都很有價值。

二、建立及解析表現目標

許多公司都會採用各種計劃來衡量各個環節的表現，譬如業務單位、部門、經理人，以及團隊的表現。儘管如此，真正能夠鼓舞員工士氣或提升員工渴望程度的衡量系統卻付之闕如。機構或企業的員工通常不會對衡量系統有什麼參與感，因此這些系統自然也不會對他們的行為造成影響。員工雖然能夠達成某種表現就會獲得獎勵，但是他們往往並不清楚到底表現的標準在哪裡，要不就是根本掠人之美。紅利或其他的獎勵計劃似乎並沒有一套標準，有位不願意具名的員工就曾經這麼說過，領導者最重要的工作就是設立表現目標，然後把這些目標拆解開來，讓每個員工都能夠清楚的了解。

所有的經理人都能夠為團隊或是個人設定表現目標，但是除非個別員工了解自己在公司整體目標的追求上扮演什麼樣的角色，否則單憑經理人設立的表現目標會失之武斷、片面。這說起來很容易，但是要實際付諸實施卻要困難得多。仔細將整體目標拆解成個別單位的目標可說是管理人員的基本任務，這樣的工作能夠提升公司個別單位的效率，並且進而讓整體公司獲利。

政府部門和其他的非營利機構往往缺乏明確的目標，而且他們的目標可能會彼此衝突。在這種機構做事的人往往會對工作產生很大的無力感或不滿意。聰明的員工雖然知道這些目標彼此衝突，但是卻沒有辦法解決這個問題，往往會變得憤世嫉俗，只會在背後對所服務的機構和其互相衝突的目標多加批評而已。

把整體營運目標拆解成各個分支目標，這個工作需要耗費非常大的精力。所有相關人員都必須和經理人一樣，投入精力、智慧，才能夠把自己在公司的定位和公司整體目標配合，並且設定目標。我們從許多參與過的標竿學習專案中意外的發現到，許多公司的重要部門或單位居然沒有設定表現目標。

業者必須清楚界定控制目標和結果目標，才能夠順利進行衡量比較。譬如，如果你想要達到客戶百分之百滿意的目標，那你可能要了解所屬公司是否希望提升獲利、或拓展市場占有率。當然公司一定會這麼希望，但是你不能利用這些財務上的指標來作為控制目標（客戶滿意）的標準。這是因為獲利能力、提升盈餘、市場占有率擴大等都是屬於客戶滿意這個目標達成後的結果。此外，這些指標也是競爭者活動、公司採購人員技能、其經銷系統效率等其他要素的影響結果。結果目標(result target)雖然能夠像後照鏡那樣提供相當準確的視野，但是卻無法看出人們實際的工作表現。

我們並不知道「提升盈餘」這個結果目標要如何達成，我們需要控制目標來顯示哪些行動才能夠達到我們想要的結果。因此需要對以下的三個層次加以釐清：

1. 認知(cognition)：也就是了解某些行為模式對於成功達成目標很有建設性。
2. 行為(behaviour)：將大家都已經達成共識的行為模式付諸實施。
3. 結果(results)：驗證行為模式是否真的產生所希望的效果。

這樣做會產生連串的因果關係。以下這個圖正是我們所說的表現樹狀圖(performance tree)，它能夠顯示出層層架構的因果關係，這個階層的結果是下個階層的方法，然後下個階層的結果又成為另外一個階層的方法。

表現樹狀圖

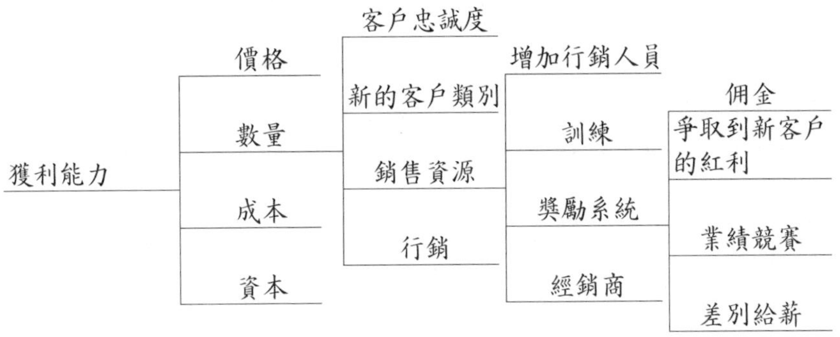

獲利能力這個目標能夠透過幾個不同的途徑來達成，其中之一就是如同上圖所顯示的提升銷售量。這個途徑則是另外一個層次的目標，也就是說有幾個不同的方法可以達到「提升銷售量」這樣的目標，在這些方法中我們可以把焦點放在銷售能力上。「銷售能力」也是另外一個層次的目標，在這個層次裡，我們選擇「獎勵系統」來作為激勵銷售能力的方法。至於「獎勵系統」這樣的目標則能夠透過佣金、紅利、銷售競爭或差別給薪等方式來達成。也就是說我們的解決方法會越來越精密。

各位是否準備好進入第四個步驟?

- 清晰敘述需要改善的領域。
- 對需要改善的領域進行分析,並且藉以判斷問題所在與潛在的改善目標。
- 需要改善的領域具有衡量和比較的要素。
- 問題部分具有衡量和比較的要素。
- 控制團體(control group)和公司能夠接受這樣的分析。

第四步驟:向良好的典範學習

我們在這本書中講述過公司和機構如何利用標竿學習讓自己的營運更上一層樓,這聽起來可能好像從 A 數到 Z 這樣平鋪直敘,但是實際狀況下當然不會這樣一步一步的照順序進行。成員的接受程度和互動更是不容忽視。此外,本書提到各式各樣的做法,各位可能會根據自己的狀況而決定跳過不用。不過和他人比較,向良好的典範學習並從而獲得啟發,這個步驟卻絕對不能省略,因為如果省掉這個步驟,那就不叫作標竿學習了。

本書稍早有些部分已經解釋過良好典範所扮演的角色,及其對標竿學習專案的影響力。我們現在要回過頭來深入探討這個議題。不過這個部分的重點在於如何從和效法對象的比較中獲得最大的收穫,也就是說獲得最大的學習效果並把這些知識和方法應用到自己的業務中。

在這個部分中,我們希望強調傳統調查訪問跟標竿學習比較方法之間的差異。這其間的差異來自幾個不同的層面,以下這個案例可以充分說明標竿學習為何優於傳統的調查訪問。我們最近協助過這家客戶進行標竿學習專案,後來這家客戶的經理人告訴我們,標竿學習讓他們學到更多寶貴的知識和經驗，因為專案一開始進行之前，他們就必須找出攸關於營運效率的重點，這讓他們能夠事前把這些重點告知效法對象。結果當他們實際去拜訪效法對象的公司時，他們能夠充分吸收所需要的知識與經驗，而且從社交的層面來看，這也完全不會影響到雙方的互動。該經理人坦承以前所作的調查訪問純粹流於產業大拜拜的表面功夫，仿效對象事前已經安排好訪問進程，並且清晰敘述自己的作業優點，但是當前來拜訪的業者針對自己所需改善的領域提出問題時，他們卻對這些問題毫無準備。

一、標竿學習的夥伴有何好處？

各界對於標竿學習依然有許多問題存在，我們就常常面臨各式各樣的問題，許多人對於尋找良好典範的議題特別不解。常常有人問我們為什麼對方願意配合的問題。以下就是我們的答案：

1. 不管是以前在進行標竿管理，還是現在的標竿學習專案，我們一向能夠成功的找到比較對象。當然有時候這需要一些創造力和調查的功夫，才能夠找到正好符合我們所需條件的目標，不過我們向來能夠成功的找到。公司裡往往會有各種看法跟有用的人脈，但是這些資源都需要加以引導才會浮現檯面，而這正是標竿學習顧問的職責所在。
2. 我們找到潛在的比較對象之後，這些對象通常都會欣然接受參與標竿學習專案的邀請。我們接觸過的案例中只有很少數會拒絕這樣的要求，事後我們發現這反而是件好事。就拿我們前面談過的政府機關為例，我們起先聯絡某家機構，問他們願不願意成為我們標竿學習專案的夥伴，但是他們後來拒絕了這樣的要求。後來我們發現這家機構自己就有很大的內部問題（政府為了補償關閉某個軍事設施，而決定將一些單位遷到別的地方，而這個機構也列名在遷移的名單上)。雖然這家機構具備我們所需的條件，可能是個很有意思的比較對象，不過在那樣的情況之下，還是另闢蹊徑比較好。另外還有一次，我們試圖和某家以業績表現而著名的公司聯絡，但是卻意外的發現和這家公司的業務代表很難搭上線。後來好不容易接觸到他們的業務代表，卻又發現他們在獲利能力方面其實有很嚴重的問題，而且他們不希望外界注意到這個問題。我們原本以為這家公司是個很好的仿效對象，但是其實不然。

有些公司或機構的表現受到各界普遍的認同，幾乎可以說是「專業的良好典範」，不管是想要進行調查訪問的業者，還是想要從事研究專案，或撰寫專題的人都會把這些機構或公司列在仿效對象名單上。摩托羅拉(Motorola)在 1990 年代初期正是這樣的公司，我們以前曾經開玩笑說，如果有人打電話給摩托羅拉，大概會得到這樣的回答：「沒有問題，我們很樂意幫忙；請先匯 30 萬美元到我們的帳戶，然後兩年之後再打電話過來。」

瑞典也有這樣的企業界「英雄」，譬如 Hennes & Mauritz（零售業界）、IKEA（家具業界）都是很知名的典範。在健康醫療業界，位於斯德哥爾摩的聖月蘭醫院(St. Göran Hospital)，還有位於霖雪平(Linköping)的綜合醫院(General Hospital)都是業界翹楚。這些「專業的良好典範」對於各界紛紛前來求教的要求已經習以為常，甚至備有專人處理這方面的要求。不過各位可別忘了，你們要的並不是一般的調查訪問。面對如此重量級的比較對象，事前說明你的要求以及希望獲得的收穫或許更加重要。

不過如果我們不看這些「專業的良好典範」，而是從各個產業成千上萬個表現亮麗的業者中尋找仿效的對象，那麼我們必須問問自己這個問題：「對方能夠從這樣的比較中獲得什麼?」

每個機構或企業都各有擅長的領域，不太可能每個領域都在業界傲視群英。兩個公司彼此可能互相有比較擅長的領域，因此雙方都可以從對方身上學到寶貴的知識或經驗。標竿學習中，這樣的交流並不是透過問題和回答進行的，而是透過對話，這樣的對話能夠刺激雙方的學習效果。不過就算仿效的對象真的在每個層面都優人一等，他們還是能夠從這樣的比較過程中學到一些經驗或得到一些收穫。

首先，被人尊為仿效對象自然是件很值得驕傲的事情。如果有人打電話給你說：「我們希望改善××這個單位的營運效率，經過一番調查之後，我們發現您是業界的翹楚，希望能夠向您請益。」這表示你們公司必然是做了什麼很不錯的事情，別人才會想要前來仿效，而這樣的訊息絕對是值得告訴公司全體員工，可以讓大家的工作士氣大受鼓舞。當 A 公司對 B 公司的良好典範進行調查並處理從 B 公司獲得的知識，從而進行比較工作時，這通常是由 A 公司的顧問起頭，B 公司則能夠免費獲得比較成果的資訊。

從傳授過程所獲得的學習經驗或許是種種收穫中最重要的一環，讓我們以下面的小故事來說明這個道理：

約翰過去一年來都在美國擔任交換學生，回國之後進了高中的新班級就讀。班上即將有數學考試，約翰問同學安妮一些有關於這項考試的問題，安妮發現到他過去這一年中想必是對課業生疏不少。因此她決定要幫助新同學，兩人一塊在安妮家裡的廚房做作業，考試日期快要逼近的時候，有些同學也加入他們的行列。安妮這時儼然成為同學的小老師，教導同學不懂的地方。後來考試結果出來之後他們發現，這個團體的同學成績都非常亮麗。安妮這位小老師花在餐桌上教導同學的時間絕對值得，因為同學不斷要她解釋一些她自己已經知道的事情，在向他們解釋要怎麼做、如何做、為什麼應該這麼做、以及別人對同樣的事情是怎麼做的時候，安妮就在進行有效的學習，充分發揮她自己的學習效果。

二、我們應該和誰進行比較？

外界對於標竿管理常常有個誤解（標竿學習也有同樣的問題），那就是他們老以為標竿管理就是和競爭對手互相比較。我們先前就已經講過，企業發展的過程中，競爭對手扮演著非常重要的角色，譬如 Scania 跟 Volvo 公司雙方多年來為了爭取市場的龍頭寶座，不斷努力向上自我提升，盡力達到最好的品質，務求賣出最多的卡車，並盡快在市場上推陳出新。不過標竿學習所強調的比較過程，則是截然不同的層次。各位都知道，英國零售業界巨擘 Marks & Spencer 絕對不會讓對手 C&A 去研究他們未來策略的細節。Abbey National 和 Woolwich 也絕對不會互相觀摩對方如何和分公司之間協調的方法。通常來說，標竿學習中的比較對象多是處於完全不同的產業。

向別的產業借鏡的做法相當普遍，我們在此可以介紹一個經典之作，那就是美國的西南航空(Southwest Airlines)。西南航空需要購買新的飛機，各位讀者都知道這是相當龐大的投資，因此該公司決定要先調查是否能夠縮短 “turnaround time”（也就是飛機降落、乘客離開飛機之後，清理人員進去清掃、補充食品和飲料、加油等工作所需要的時間）。西南航空研究第一方程式賽車的賽車場在賽車到站之前跟到站之後的作業模式（賽車到站之後只需要短短的七到八秒的時間，就可以完成加油和更換輪胎的工作），藉以尋求縮短飛機起降時間的靈感。從西南航空和第一方程式賽車的例子，各位可以得到一個重要的經驗:「當你們想要改善某個流程的作業時,可以問問自己這個流程在哪個產業的重要性比對你們公司還高。」

譬如說,有家電信公司想要讓收據寄發的過程更加有效率,他們可以觀摩信用卡公司的做法來尋找靈感。因為收據寄發堪稱信用卡公司的核心作業,而且更是其整個營業效率的靈魂。當 Canon 想要改善他們小型零件處理的作業模式時,他們研究全世界最大的郵購公司 LL Bean 的做法。雖然 LL Bean 對於生產辦公室影印機的業務一無所知,但是該公司運送小型商品的物流作業效率之高卻是全世界知名的。

現在讓我們一步一步的解釋如何辨識值得仿效的對象,以及如何向他們學習的步驟。

三、選擇你的標竿學習夥伴

第三步驟的主要用意在於判斷我們想要從良好典範身上學到什麼,也就是說我們希望比較對象具備哪些長處。第四步驟的用意則是判斷誰是值得我們仿效的對象,同時進行比較,藉以獲得有助於自己營運的知識和啟發。

標竿學習通常是應用在公司或機構的某個部分上,因此比較對象是否處於同樣的產業或產品結構是否類似都和選擇標竿學習夥伴無關,重點在於對方的某個作業流程,譬如人事管理、合約撰寫、銷售支援、品質保證、高層管理人員的策略等等。各位讀者應該都非常清楚,這些流程和業者所處的產業類別並沒有什麼關聯。

各界對於標竿管理常常有這樣的誤解:「標竿管理就是模仿競爭對手。」其實,標竿管理的重點在於從選擇對象身上尋找靈感和啟發。本書作者群中有位曾經輔導過將近七十五件標竿管理和標竿學習的案例，這些案例中只有一個是和競爭對手進行比較，但從競爭的角度來看，他們比較的主題並不會影響到競爭性。另外有些案例雖然是和同產業的業者進行比較，但是這些業者分處不同的地理區域，因此彼此並非競爭廠商。譬如北歐地區的航空業者和澳洲的航空公司，或是德國和加拿大兩地的營建承包商。在這樣的例子中，合作的優點絕對是遠遠超過任何可能形成的缺點。

另外還有一種選擇仿效對象的方法，那就是找曾經碰到和你們一樣問題的業者，並且從他們的經驗中取得借鏡。我們先前談過民營化進程的案例，其他面臨同樣問題的業者多半選擇把業務外包或是乾脆關閉工廠，當然，後者的做法未免過於極端，但是該公司執行長可能從未碰過這樣的抉擇，因此完全沒有這方面的經驗。從這些例子我們可以得知，在其他碰過類似問題的業者身上，我們能夠得到非常寶貴的經驗，避免犯下和他們一樣的錯誤。

在我們先前提過的易利信元件公司和政府機構的案例中，他們的專案小組起先並不確定能否找到適合他們目標的標竿學習夥伴。這並不是因為他們接觸過的對象拒絕了他們的要求，而是因為要找到適合的對象實在是個很大的挑戰。不過他們的疑慮很快就一掃而空，他們列出一長串值得借鏡的公司和機構名稱，這些都是在類似領域有不錯的表現。以下這個簡單的架構是協助專案小組盡情發揮他們創造力的功臣：

- 我們潛在的仿效對象應該具備哪方面的長處？
- 哪種公司或機構對這方面的作業最為在行？
- 我們選擇的標準是什麼？
- 我們對於要聯絡的公司或機構有沒有特定的建議？

1. 我們潛在的仿效對象應該具備哪方面的長處？

如果各位已經精通第三步驟，那麼這個問題就應該不難回答。或許仿效對象應該擅長於經營連鎖店或零售店，或是他們開發出能夠處理客戶意見的系統，要不就是擅長於處理小型商品的物流作業以及運送這些小型商品到全世界各地。不管是什麼，我們在這裡所說的系統或方法都和業者所處產業類別並無特別的關係。而且，有時候我們能夠從不同的仿效對象身上獲得各種要素，將這些經驗加以結合之後，能夠啟發我們為所面臨的問題找到更好的解決方案。

2. 哪種公司或機構對這方面的作業最為在行?

我們在乎的這些狀況對於哪些公司或機構更是重要? 如果要找到這類的公司或機構，各位可以看看你們想要改善的領域，然後判斷這個領域是哪些公司或機構的核心作業。我們先前提過收據和信用卡公司之間的關聯，這類的例子還有經銷和運輸公司，或知識溝通和顧問公司。要不，我們也可以看看曾經面對類似問題的公司，譬如經歷過民營化的前獨占企業，或推出資訊科技系統的公司，或曾經經歷過產業淘汰賽的業者等等。

在政府機構的案例中，我們選擇一家顧問公司，仿效他們在能力供給方面的做法，並且選擇一家公共部門的機構，這家機構曾經面臨類似的問題，後來在幾年前成功的解決了這個問題，因此也值得我們借鏡。至於易利信元件公司，我們同樣的為他們選擇了兩家標竿學習夥伴公司。其中一家是瑞典國家電力公司 Vattenfall，這家電力公司曾經大舉進行組織再造，公司員工是否適才適所對他們而言是個很重要的議題。Vattenfall 電力公司也曾經推出類似的資訊科技支援計劃協助能力管理，而這種能力管理正是易利信集團那時候打算要進行的計劃。另外一家標竿學習夥伴則是一家美國公司，這家公司以其有系統的進行能力管理而聞名業界。

3. 我們選擇的標準是什麼？

在選擇標竿學習夥伴的時候，建議各位先設立一些選擇標準，譬如說公司規模大小、所屬產業類別、所處地理區域等等。易利信當初所設立的條件之一就是對方必須具備至少五百名員工，至於政府機構那個案例，他們則要求對方總員工人數不能超過五百名員工。這是因為例行作業與物流作業往往隨著公司人數不同而有所變化。在政府機構這個案例更是如此，該專案小組決定至少要有一家標竿學習夥伴必須是公共部門的主管機關。對標竿學習夥伴的選擇設立標準另外還有一個目的，就是為了方便從效法對象把知識轉移到自己的所屬機構或公司。各位不要忘了，光是專案小組認同、信服標竿學習對象還是不夠的，這必須要整個目標團隊都能夠接受，才能夠把仿效對象的經驗應用在變革的過程中。

建立一套選擇標準在許多層面都很重要，最明顯的例子就是在最後遴選對象的時候能夠務求精準，也就是說雙方在目標程序要有足夠的相似性，才能夠從比較中獲得足以採信的資訊。我們建議各位進行有系統的流程，由專案團隊共同擬定遴選標準。然後進行標準的評估，跟團隊的成員對話，來決定這項標準的比重與先後順序。這樣的流程能夠兼顧設定遴選標準的第二個重點——有些部分看似相似，其實不然，但是這樣的過程讓專案小組成員能夠正確的挑出這些表面以假亂真的相似性，避免選錯仿效的對象。

當然，遴選標準的設定和問題本身的定義息息相關。如果問題的界定錯誤，那麼選擇仿效對象的過程必然也會走偏，這樣結果必然無法令人滿意。有一家園藝設備供應商就曾經犯過這樣的錯誤，他們說問題出在銷售人員排斥新一代的電器產品，但是實際上問題應該在於「吸引經銷商前來參加會議，學習如何使用新產品」。我們先前也提過一家瑕疵品過多的廠商，他們想要尋找具備品質保證系統的業者來作為仿效對象，而不是在訓練作業員有成功經驗的業者。業者必須對問題有清楚、正確的界定之後，才能夠設定遴選標準，而這樣的工作對於選對符合標準的仿效對象是非常重要的過程。

4.我們對於要聯絡的公司或機構有沒有特定的建議?

當眼前的問題獲得解答之後，就不難對適合的公司或機構提出具體的建議。在一些例子中，他們也需要進行一些調查的工作。控制團隊、參考團隊以及其他同事都可以加入這樣的行列，他們的人脈網絡往往超出我們的想像。網際網路和傳統的電話簿也都是非常有用的輔助工具，還有各式各樣的交易協會也是很方便的管道。還有些業者會求助資料庫，不過資料庫往往把重點放在整體性質的關鍵指標。在這個階段，你們無法確定找到的對象究竟是不是真的適合，因此我們建議各位利用幾個問題來加以證實（參考第三步驟談到衡量標準的部分）。

四、和良好典範的接觸

要說服企業或機構參加你的標竿學習專案其實不難，但是從另一方面來說，你選定的標竿學習夥伴究竟是否符合你所設定的標準跟你所使用的關鍵指標卻是個未知數。因此我們建議各位多和幾家業者接觸，以及找對人來晤談（此人必須確實了解公司並且能夠判斷是否真的是適合的仿效對象）。專案小組在接觸過幾家可能作為仿效對象的業者之後加以討論、判斷哪些公司符合他們設定的標準，然後決定要和哪家業者進一步晤談，並且從這最終目標身上汲取所需要的經驗。易利信和政府機構的案例中，他們接觸過的公司都很友善，並且欣然接受他們的詢問，就算這些專案小組後來決定不進一步接觸，他們還是維持很友好的關係。

選對比較的對象攸關於標竿學習稍後階段的成功與否，因此各位應該對於選擇過程特別小心，並且確定你的抉擇有適當的事實根據。不過，如果你已經事前做好研究的工作，那麼這個選擇過程應該不會太難才對。在這個選擇的過程中，我們通常會把可能作為仿效對象的機構或企業列出一份清單，然後看看這些業者與我們所設定的標準是否能夠配合。

五、效法最佳的做法

許多讀者都聽過「世界級的表現」或「業界最好的做法」這種說法，他們以為不管是要比較什麼，都應該和全世界最好的做法看齊。對於有些公司而言，他們的表現的確應該要達到世界級的水準。但是其他公司則不然，光是盲目效法業界龍頭的做法絕對不是個好主意。他們應該根據自己設定的標準來選擇仿效的對象，如果你們自己的表現和所仿效對象的表現之間存有太大的鴻溝，那麼很可能會令員工感到氣餒，或有藉口推諉說這樣的比較結果並不適用在自己的作業上。

六、案例解說

讓我們以 Hornstull 的案例來說明，這是一家位於斯德哥爾摩的老人家居服務公司。在 1999 年秋天和 2000 年春天這段期間，Hornstull 參加一個在斯德哥爾摩市區由七家老年保健業者所組成的網路，這是根據瑞典歐盟計劃局(Swedish EU Programme Office)委託我們針對「向良好典範學習」這個議題所規劃的綱要。這個組織的目的在於借重組織成員的經驗，形成有結構的經驗寶庫，當組織成員需要進行改善的專案時，能夠從網路內外獲得值得借鏡的經驗和知識。Hornstull 決定為其住戶改善安全以及保全方面的問題。

根據目前的犯罪數字，Hornstull 的住宅單位位於斯德哥爾摩犯罪率第二高的地區。他們要問的問題是：「安全性和保全問題對誰的重要性比我們還高?」他們決定在斯德哥爾摩犯罪率最高的地區尋找值得借鏡的業者，譬如 Sergel 廣場區域。為了要讓知識容易進行轉移，他們要找作業模式類似的業者，光是打擊宵小的策略對他們並沒有多大的用處。不過他們發現自己的作業模式和旅館很類似，譬如，旅館有許多旅客，他們這種老人公寓也有很多住戶，旅館大多設有餐廳，在大廳也有酒吧，公寓也有很多人來來去去——住戶、訪客、社會工作人員、臨時工作人員、全職員工等等。Hornstull 也有自己的餐廳，除了服務住戶之外，也向外界大眾開放。不過他們和旅館不一樣的地方在於，旅館通常會開設在商業地區，而且非常講究競爭性的地區，也就是說，如果旅客覺得不安全，他們下回就不會再度光顧，因此旅館必須有一套很完善的保全措施及保全系統。Hornstull 決定要向 Sergel 廣場旁的一流旅館效法，結果員工在這樣的學習過程中受益良多，而且學到許多寶貴的經驗和教訓。

七、比　較

1. 事前的準備

事前的準備工作對於標竿學習過程而言是非常重要的，這個階段的工作能夠為有效學習建立起穩固的基礎，促進日後的經驗交流和知識學習。我們甚至於可以說專案計劃到目前為止所有的工作都是為了和良好典範進行比較所作的準備工作。首先，仿效對象並不像主動的這一方有機會去做好準備。另外，有些公司只做過調查拜訪之類的比較經驗，因此就把標竿學習的比較工作看成是同一類的事情。所以對於作為模範的機構而言，他們更應該要了解標竿學習練習的過程和內容。譬如，易利信這個案例中，我們和某個公司的代表都有事前會議，他們必須說明公司的期望、資訊的條件、討論流程、和建立起人與人之間的關係，這樣的人際關係將會有助於稍後階段的進行。

各位也可以把自己所屬公司的資訊跟專案進行到目前為止的資料都提供給標竿學習夥伴。此外，你打算要問的問題與相關的最新資料也應該事前送過去給對方，這樣他們才能夠做好準備，要是手邊正好沒有你們所需的資料，他們也還有時間去進行調查。這樣的做法能夠讓對方了解你們希望有哪些人能夠參與會議，譬如，起始的這一方可能會希望和仿效對象的執行長晤談、或支援部門和營運部門的人員或業務代表碰面。這最好是由起始這一方來決定要和哪些人晤談，而不是由仿效對象這一方來指派。

為了順利消化從仿效對象獲得的知識，並且讓整個機構都能夠有效學習，易利信和上述政府機構的專案小組都帶了幾位同事一塊去仿效對象的公司拜訪。參與的同事也必須加入事前的準備工作，這樣的做法才能夠奏效。他們在出發拜訪仿效對象的公司之前，舉行了一場規劃會議，從而界定參與人員應該扮演什麼樣的角色。專案小組應該如何為自己定位？如何指派成員應該負責的問題？誰應該負責督促專案進度並確定討論能夠維持在正軌上？誰又應該負責不斷追問「為什麼?」誰應該負責盯著時間?標竿學習的好處在於這樣的過程本身有助於團隊的發展，這時或許可以回頭去看看第二步驟的內容，並且討論團隊成員各自扮演的角色與功能。

我們先前在討論「接收者能力」的時候引用瑞典著名商人約蘭・約蘭森作為例子，約蘭森本身就是鐵礦方面的專家，因此能夠將他在英國吸收到的知識充分吸收、發揮。標竿學習團隊每天都會接觸到這樣的議題，並且從而建立起這方面的能力。為了進一步了解接收者能力的重要性，並確保能夠吸取知識、經驗和想法，各位可以利用一些簡單的記錄方法來作為輔助。

就算和標竿學習夥伴會面，也不一定會有豐碩的成果，不過如果你們都已經做好事前的準備工作，並且為對方做好這次會面的準備，那麼成功的機會就會大得多。雖然我們不能（而且也不應該）為這樣的會面設定框架，但是以下這幾點倒是值得記住的重點。

2. 時間

易利信和政府機構的案例中，他們的標竿學習專案小組和仿效對象的會議都是在對方的公司地點舉行，而且占據幾乎是一整個工作天的時間。他們能夠投入多少時間要看這個比較工程的規模大小而定，當然，還要看你的標竿學習夥伴能夠挪出多少時間給你。

3. 誠實

若要有效的進行學習跟經驗交流，那麼就應該要建立起坦承、開放的對話，而且如果有任何不清楚的地方，一定要繼續追問下去，一直到完全了解為止。如果你們覺得討論開始偏離主題，務必要坦承表明，並且把話題拉回正軌。

4. 對話

盡量要和你的仿效對象進行對話，而不是單單讓他們進行業務簡報。經驗法則告訴我們，最好是做十分鐘的業務簡報，然後花個五十分鐘進行對談和問答。這裡正是標竿學習和標竿管理與傳統的調查拜訪不同之處。傳統的標竿管理中，他們是以主要指標以及流程敘述這種模式的顯性知識來進行比較。在傳統的調查拜訪中，你的確能夠得到對方機構或公司的業務簡報，但是卻不見得和你真正需要知道的領域相關。

5.材料

書面資料（譬如作業流程的說明、統計數據資料、關鍵指標以及各種相關資料）之類的顯性知識是你和效法對象之間對話的完美休止符。務必要詢問是否可以取得會議中提到的資料，或是否有任何資料能夠支持他們告訴你的理論或經驗。這些資料對於下個階段非常重要，因為屆時你要開始把這些知識、想法與經驗進行消化，然後根據你自己所屬公司的狀況來提案建議如何改善做事情的方法。

6.追根究底

除了聽取對方的說法之外，務必還要找出對方成功的秘訣，不斷的問為什麼和怎麼做。這樣你不但能夠了解仿效對象作業的模式，還有機會真正了解他們營運的基本假設。

各位務必要了解和標竿學習相關的因果關係，這個要素的重要性就算再多強調幾次也不嫌多。除非公司能夠確定所取得的資訊都是正確的，而且了解哪些方法有用，為什麼這些方法有用，以及應該如何進行這些方法，否則公司的既有行為模式根本不會有所改變。

7.預留後路

你們和仿效對象會談之後，很可能日後還會有問題需要請教，因此你們可以在會談的時候就預先留下伏筆，告訴對方如果還有需要請教之處，將會再和他們聯絡。

各位是否準備好進入第五個步驟？

- 已經找出值得仿效的對象，並且根據自己所設定的標準來選擇最適合的「良好模範」。
- 充分告知「良好模範」你們想要比較哪些地方。
- 拜訪對方之前先做好準備，並且事前就先把資料寄給對方。
- 把從「良好模範」獲取的知識和經驗好好的歸檔起來。

- 如果有必要的話，可以向標竿學習夥伴索取進一步的資料。
- 專案小組充分了解標竿學習夥伴的行為模式，並了解為什麼對方的做法能夠產生比較好的表現。

第五步驟：開發新的解決方案

第五步驟的重點在於「改變……行為，藉以反映出新的知識和見解」，大衛・葛文曾經說過：「學習型的公司專精於知識的創造、獲得、轉移，並且能夠針對自己的行為模式進行調整，藉以因應新的知識與見解。」這是把目前狀況分析並和「良好模範」身上所獲得的經驗和知識轉化成為具體的解決方案，從而改善自己的營運表現。這樣的轉移過程當中，標竿學習專案小組必須投入非常大的心力，發揮他們的創造力和創新能力。儘管過程非常累人，但是他們齊心協力所獲得的知識卻是小組的最大支援力量。我們在第六章裡曾經討論過，當你們把自己逼到能力的極限時，真正的學習效果和學習能力才能夠被激發出來。

一、差異和靈感要素

我們前面提過，你們對仿效對象的行為模式以及成功秘訣應該加以記錄、歸檔，這樣的工作攸關著標竿學習專案的成功與否。下個步驟就是比較自己和對方的作業模式有何異同。這裡我們又要再度強調一個重點──分析工作的重要性，因為分析工作產生的資料才能夠讓你們順利進行比較。譬如「我們的行為模式和對方有什麼差別?」「哪些事情是他們有做，但卻被我們忽視的?」「他們表現之所以比較優秀的原因是什麼?」

這裡的重點在於各位應該要了解仿效對象之所以表現比較優秀

的原因以及他們到底是怎麼做到的。譬如，這可能是因為他們的員工技能比較好、或是工作組織或執行的方式不同，也有可能是因為責任分配和權力歸屬的差異。此外，有些因素是能夠改變的，但是有些則不可能，各位可以把這兩種不同性質的要素分開。以航空公司對飛機的維修工作來舉例，北歐的航空公司冬天風雪的問題勢必會比葡萄牙的航空公司來得大。另外，如果你們比較零售商店的效率，那麼務必要考慮到倫敦的租金價格高於斯德哥爾摩這個因素。另外像是公司文化或組織架構這些要素也不是單單幾個單位就能夠扭轉的。這些都是各位應該要考慮到的要素，並且務必要確定相關人員都了解這些要素，但是可不要讓這成為人員推諉責任、或排斥改變的藉口。

我們曾經輔導過一個專案，他們的主要目的在為合約處理流程的效率設定出可以比較的標準，第二個目的則是要找出能夠改善這些做法的方法。我們大部分的精力和時間都是投注在幫這家公司和他們選定的仿效對象進行比較要素標準化的工作，藉以進行精準的比較。這個工作主要是確定我們比較的是對等的事物，譬如拿蘋果和蘋果比較，而不是拿蘋果和梨來亂比一通。當這樣的工作完成之後，我們就能夠總結出比較的結果，為這兩家公司處理合約的方式找出一些明顯的差異。根據這些找出來的差異，專案小組接著列舉出一份他們稱作「靈感要素」的清單，作為接下來改善工程的工具。

- 流程／結果架構方式的不同
- 步驟順序經過澄清及溝通
- 責任和權力清楚的界定，也就是誰應該負責哪些工作都分得清清楚楚
- 不同的能力發展結構

易利信的專案小組根據第三個步驟找出需要研究的領域之後針

對這些資料加以研究，並且以其作為和模範對象的會議架構。他們對每個領域的行為模式都仔細研究，比較過自己和 Vattenfall 和另外一個模仿對象的異同。由於專案小組成員分開來各自作業，並且還帶著目標團體的成員，因此在和仿效對象會面之後的對話特別重要，不光是曾經造訪過 Vattenfall 的人需要了解 Vattenfall 如何運作的模式，造訪其他模範目標的人也必須了解。這對於專案小組而言是個很大的挑戰，但是也因此而有助於加強他們從模範對象學到的經驗和知識。參與者必須向彼此解釋他們的所見所聞。這也有助他們發現資料不足之處，可以及早做補救。

從這樣的對話過程，他們也發現這兩家仿效模範的行為模式的確很類似，這也大幅提升這些資訊的可信度。當兩個完全不同的（經營得很成功的）公司在某個流程的作業模式很類似的時候，很可能表示這樣的方法的確很有效率。訪問過仿效對象之後的資訊交流與對話能夠產生十個「靈感領域」，並且對於如何有效率管理能力的議題作出非常重要的結論。

- 明白示範能力管理好處
- 和能力管理相關的紅利計劃
- 能力管理清晰的決定與後續的例行工作
- 業務計劃當中的能力目標
- 把一般性的目標分解為個別的目標
- 人事和生產線部門的職責清楚劃分
- 簡單、標準化的工具
- 討論例行工作的開發以及評估
- 利用工具來歸納個別員工的能力
- 指派人員負責過程中的各項工作

客戶的公司和其仿效對象之間存有各式各樣的差異，我們碰過有個案例，他們在「排除疑難」(trouble-shooting)這個部分和其仿效對象之間存有最大的鴻溝。經過分析之後，這家公司決定採取革命性的改革措施，結果迅速大幅改善這個情況，而且非常令人滿意。他們把一般的總機人員換成有經驗的技術人員，這樣客戶一打電話進來就可以獲得協助。他們還建立起新的支援系統處理零配件問題，大幅改善例行作業流程，避免出貨延遲或成本重疊的問題出現。要是沒有從仿效對象獲得這樣的知識或見解，他們是不可能做得這麼有效率且如此果決的大舉改革。

二、把靈感要素轉化成為新的解決方案

各位要記住，標竿學習的目標不只是比較自己和他人的做法跟從中找出改善的點子而已，如何把這些點子轉化成為所屬機構新的行為模式也是非常重要的步驟。至於這要怎麼做，以及哪些提案會被接受當然要看實際的情況與業者需要改善的領域而定。這樣的提案往往會產生幾個專案小組以外的人員必須負責執行的分支提案。

在一連串的比較過程之後，專案小組面對各式各樣的資訊已經感到有點吃不消，這時建議各位採取有系統的方法，把這些資料根據重要性排列，以免忽略了焦點，或忽略了真正相關的資料。各位可以看過所有從仿效對象獲得的靈感啟發要素，然後根據內容、種類來進行分類。接下來是利用改善區域的分析結果來評估這些資料的重要性和相關性，這樣的評估工作可以協助專案小組對於他們想要進一步開發哪些解決方案提案有更清晰的決定。不要忘了，標竿學習的目的在於從仿效對象身上獲得啟發的靈感，而不是一味的模仿他們的做法。

在政府機構這個案例中，他們為如何處理能力供給的問題提出幾

個固定做法的提案，接著控制小組與參考小組相繼同意這樣的提案。這些提案包括：

- 如何把能力目標和營運計劃進行整合
- 執行層面的支援以及評估訪問和個人發展計劃的追蹤
- 除了一般的升遷機會之外，並且暢通其他的事業生涯管道
- 支援個別調查人員跟委託的機構之間進行的知識轉移

易利信的案例中，內部人員會針對這些提案進行討論，不單單是解釋上面所列舉的十大靈感要素，同時也說明這些為什麼重要，以及「良好典範」是如何處理這些作業的方法，及其結果對於公司整體有什麼樣的影響。充分溝通這些提案、並且獲得大家的認同之後，專案小組就可以根據重要性把這些提案作順序排列，並且著手開始進行改善的工程。

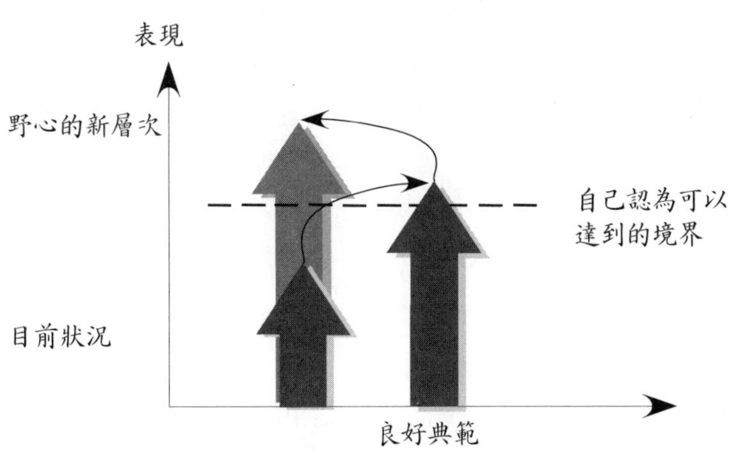

利用仿效對象的表現來作為提升「渴望程度」的跳板。

我們曾經輔導過一個很有意思的公司，在這個案例中，他們的仿效對象顯然在每個部分都比他們強。儘管如此，我們的客戶在進行過比較的工作之後，依然信心滿滿的表示要超越所仿效的目標，並且說道，「他們雖然在每個領域都做得比我們好，但是我們還是能夠做得更好」。要是沒有仿效對象的刺激，我們可以確定的是，這家公司絕對不會有這樣的野心，「渴望程度」也不會一舉攀升到這麼高的水準。

各位是否準備好進入第六個步驟？

- 標竿學習夥伴的行為和自己的差異已經明確的突顯出來。
- 界定「靈感要素」，並且將其轉化為新解決方案的提案。
- 充分溝通這些提案，並且獲得公司的認同。
- 依照重要性排列這些提案的順序，並且決定哪些提案需要進一步研究。

第六步驟：影響需要改善的領域

標竿學習改革過程的影響層面很廣，有些決策往往不是專案小組能夠決定的，實際進行改革的執行層面需要耗費大量的時間，往往也會超過專案本身的進行期限。不過，標竿學習專案小組的主要任務在於規劃和建立起改革所需的條件。標竿學習專案小組的工作在許多地方都能夠協助執行層面。讓我們看看其中有哪些助益：

一、參　與

針對某個內部問題提出解決方案可能不用花很多的時間，外界的顧問可以根據別家公司的處理經驗、或他們認為應該如何改革，來提出各種的解決方案。不過這種做法有個風險，那就是解決方案的執行

改革過程中分析和執行層面所需要的時間比例

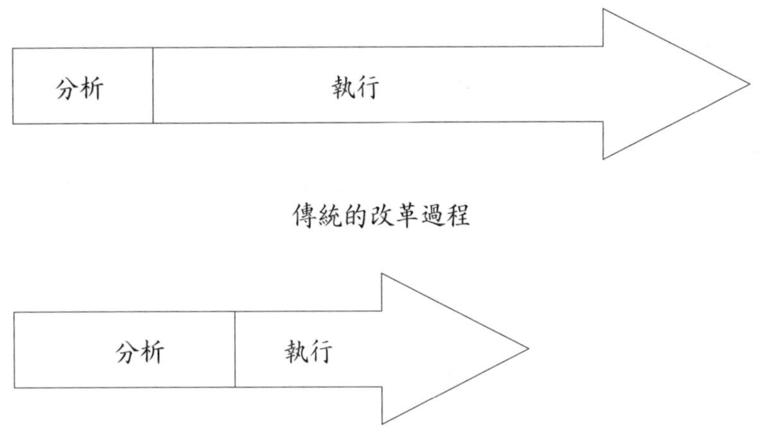

標竿學習的過程

雖然分析需要耗費比較多的時間（相關人員都要參與），但是卻有助於縮短執行層面所需要的時間。

層面可能反而要耗費很多的時間（如果這個解決方案能夠付諸實施）。標竿學習這套辦法強調相關人員都必須參與，能夠讓解決方案的執行層面更加容易進行，而且能夠為公司的「學習經驗」創造條件。各位可能會認為標竿學習要耗費相當多的時間進行，但是如同上圖所顯示的，以長期的角度來看未必如此。由於標竿學習強調相關人員都要參與，因此凡是會受到變革影響的人都親自參與這個過程的進行，並且都有所貢獻，這些努力的最終成果也比較容易受人信服。此外，這也表示公司不但解決了原先的問題，而且還學到了如何向他人的經驗借鏡，藉以發展自己的營運。

二、事實根據

標竿學習這套辦法強調事實根據，變革的過程需要針對普遍的狀況進行非常詳盡的分析，譬如哪些部分需要變革以及所需的條件有哪些等等，詳實的衡量過程也是有助於執行層面的寶貴工具。

有家電信業者在進行標竿學習專案的過程中，將其零售門市部的作業和另外兩家店舖互相比較（一家是珠寶店，另外一家則是販賣辦公室家具)。這家電信業者難以成功的管理旗下一百多家零售店面，因此這項比較的標準在於如何合理管理店面。分析的要素包括教育和訓練程度、店面的職責、員工工作滿意度、表現衡量方式等等。為了充分了解白天零售店面的產能利用率，他們在每個分店大門都裝設了記錄的設備，並且要求分店經理記錄早上九點到晚上七點營業期間每個小時中在店裡工作的人數。下圖顯示走進店面的客人人數，以及不同時段在店面工作的人數。

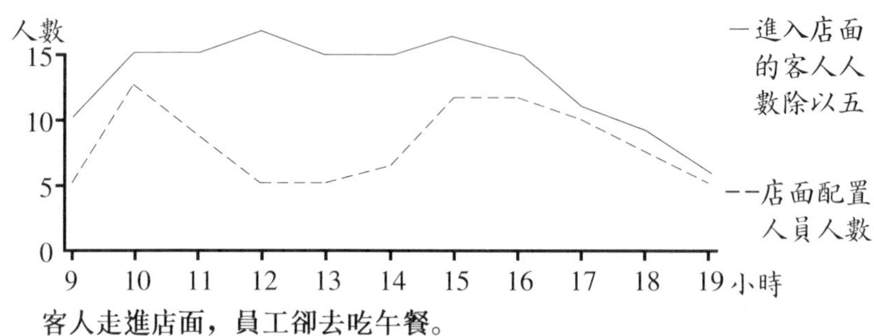

客人走進店面，員工卻去吃午餐。

當我們拿這個圖和該電信公司溝通的時候，他們都很明白是應該大舉改革的時候了。

該電信集團的管理階層看到這份調查的結果時感到非常驚愕，透過樓面人手配置和到店人數的比較，他們顯然獲得不少相當寶貴的資訊。

該電信集團的管理人員希望能夠了解究竟應該讓這些零售店面以個別連鎖店的方式經營還是由地區性的總部統籌管理，為了作出這樣的決定，他們需要具體的資訊來作為決策根據，因此他們對於零售門市部樓面人手配置的資訊跟重整為連鎖店的提案很有興趣。由於量化的事實根據不容易取得，因此我們必須作一些假設與估計。我們在簡報中提供一些保守的估計數據：控制系統、店面位置、資歷過高的員工對公司造成的額外成本負擔等等，然後作出以下這個結論：

標竿學習——零售連鎖店

A 連鎖店和 B 連鎖店的比較，顯示出有幾個可以節省成本的機會

	每年可以節省的成本（單位為一千英鎊）
1. 店面人手配置	
a. A 店的人事成本比 B 店高出 14%，相當於	2,800
b. A 店的兼職員工占總員工比例為 22%，B 店為 60%。如果把比例提高到 B 的水準，能夠省下	1,200
2. 開店地點／地區	
a. 將店面地點從比較沒有商業價值的地區遷移到人氣比較旺的地區，能夠提升銷售額	3,200
b. 租金比 B 店高出 70 英鎊／平方英尺，每年整個連鎖店就差了	1,900
c. 店面之外的空間占 A 整個樓層的 37%，B 則是 25%。可以節省下來的成本有	700
3. 行政	
a. A 店由於行政工作比較不具效率，邊際貢獻比 B 店少 18%。A 店提升 3% 意味	1,900
b. 減少店鋪的公文處理量，讓工作人員有時間	

可以從事銷售，或減少店面所需工作人員數目	1,100
c.改善物流（每個禮拜運送貨品到店面一次）	1,300
4.行銷	
整個連鎖店透過全國性的廣告活動能夠減少廣告成本	400
總　額	14,500

這份表是根據各種事實、假設和估計所編撰的，但是由於這和現實狀況非常貼近，而且非常切合客戶和其標竿學習夥伴的經驗，因此客戶依然欣然接受。

三、良好典範的力量

現在讓我們再看看「良好典範」具有什麼樣的力量和影響力。由於已經有人做過這樣的事情，而且事實證明他們做得很成功，因此新的行為模式提案是有事實根據的，這樣會讓人難以拒絕或否認這些改善的方法的確可以成功的事實。透過和「良好典範」的對話，我們能夠了解到他們是怎麼進行改變的，藉以避免他們曾經犯過的錯誤。至於這些變革的執行層面應該在何時進行或多快能夠完成都是另外一回事了，儘管改革的確可行、而且的確有其必要，但是這並不表示業者必須立刻著手去做。標竿學習變革管理的時間層面要看情況的緊急程度而定。

四、達成共識與決定

執行專案計劃的成果往往要看高層管理人員的決定而定，因此專案進行期間，務必要和控制團隊（這應該是有決定權的管理人員）保持暢通的溝通管道並不時和他們溝通工作進行的狀況以及會有什麼樣的提案等等。行動提案已經做好之後才提出來或許會讓這些管理階層心裡感到不舒服，但是只要你從一開始就按部就班的把事情做對，那麼管理團隊應該會正式接受你所提出來的行動計劃（參考以下說明），政府機構的案例就是這樣。如此一來，即將進行的變革計劃事前就可獲得相關主管的接受。

和目標團隊溝通專案結果，並且讓他們接受這樣的結果也是同等的重要。專案小組開會的時候將資料和同儕分享的做法雖然簡單，但是事實證明的確非常有效。先前提過的政府機構這個案例中，他們的專案小組利用參考團隊跟其他的部門會議來和同儕溝通他們的結果。易利信元件公司旗下的能源系統(Energy Systems)有個單位在專案還在進行期間就被賣給美國 Emerson 公司，因此尋求對專案結果認同、支持的工作分別在雙方公司進行，主要以人事部門為標的。

政府機構這個案例中，他們的目標之一在於把能力管理的議題提升為該機構的策略議程。這個目標其實在專案進行的初期就已經達到。標竿學習將能力供給的概念深植於管理階層和一般員工的心中，因此在專案過程還未結束之前，就已經有些改變出現。把焦點放在能力上、以及改變在專案結束之前就已經出現，這些事實都有助於機構行為的改變。

五、行動計劃

為了略為簡化這個議題，我們可以下面幾個問題來說明行動計劃，也就是說行動計劃應該要能夠為這些問題提供一些解答：

- 應該做的工作是什麼?
- 應該怎麼做?

・應該負責的人是誰?
・應該什麼時候去做?
・為什麼應該要做這件事?

行動計劃的目的在於規劃改善工程所需的工作並將其結構化，藉以協助把想法付諸實現的過程。以下有幾個很重要的要素：目標（策略)、活動、職責、資源、時間、成果、檢討。一開始，你們必須對應該改變或發展些什麼東西具有清楚的概念。接下來就是想想看需要做些什麼才能夠達到這樣的改變。我們先前就已經提過，這些活動雖然可能超出專案的結論之外，但是仍需包括在行動計劃中。

決定好要做些什麼和應該如何進行攸關變革過程中公司、行為、架構的改革，而且，判斷需要哪些能力來進行這些改變也是非常重要的課題，攸關著新行為模式是否能夠順利進行以及效率能否成功達到理想的境界。此外，分析變革會對相關人員造成什麼樣的影響也是不能忽略的，值得投入大量的時間和精力來進行這項工作。這個部分常常遭到忽視，或被人視為浪費時間，因為人們往往急著想要著手開始進行改革。不過經驗告訴我們，這個分析的步驟可是會攸關執行層面是否成功的重要關鍵，如果忽略了這個部分，可能會使得整個專案功敗垂成!

所謂每個人的責任，換句話說往往成了沒有人要負責的代名詞。因此，每個活動應該要有個「所有者」的角色來擔任負責人，這個角色不見得要親自負責工作的執行，但是必須負責監督這些工作的進行。這個角色也需要足夠的資源（譬如時間和金錢）才能夠投注在這些活動上。所有的開發工作都是一種投資，因為這會犧牲現在的金錢，但是可以成就未來的獲利。這個階段特別需要足夠的資源才能夠順利進行執行的工作，但是不幸的是，許多專案計劃正也是卡在這個地方。

如我們先前所提到的，執行層面所需要的時間往往會超過專案計劃進行的期間。因此事前規劃好預計完成時間，並為執行層面的截止日期設好目標都是非常重要的課題。我們在此建議各位預留一些空間，因為改革過程需要的時間往往超出我們的想像。不過如果這要花太多的時間，員工的士氣可能會隨之渙散，當初標竿學習專案好不容易建立起來的決心也可能隨之喪失。

最後，行動計劃必須對執行工作進行檢討。我們並非說要在這個階段對整個專案進行檢討（這是在第七步驟的工作），但是我們必須規劃好針對執行工作的檢討。譬如說，「我們怎麼知道執行工作已經完成?」「我們如何衡量執行工作是否成功?」「我們有沒有一套檢討成果的例行作業?」

各位是否準備好進入第七步驟?

- 公司接受專案的結果。
- 具備清楚的行動計劃可以付諸執行。
- 規劃好支援執行工作的活動（例如訓練和資訊科技等等）。
- 目標團隊準備好迎接變革。
- 設定好評估執行工作的檢查清單。

第七步驟：後續追蹤與創新

誠如我們所說的，標竿學習這套辦法是以專案的方式進行，因此必然會有清楚界定的開始和結束。不過這是指需要改善的領域而言，也就是解決了機構或企業所面臨的問題（這也是第七步驟要做的總結）。我們先前就已經闡明，標竿學習的目的在於改變人們對於學習的一般態度，特別是向良好模範效法。第七步驟包括了後續的追蹤（檢討和討論）及規劃新的計劃（譬如刺激學習和未來發展的方法）。

一、評估表現改善的程度

標竿學習專案是以業主選定需要改善的領域作為焦點，以易利信元件公司的案例來說，他們標竿學習專案的重點在於研究人事部門如何支援生產線經理從事能力管理的規劃工作；至於政府機構的案例，他們則是希望找出一套可以確保能力長期不墜的辦法，也就是說吸引、開發並留住合格的工作人員。別的案例則可能是要改善客戶服務部門的作業流程、招聘人員、製造過程或物流等等。不管要改善哪些領域，標竿學習講究事實根據的特色讓業主能夠針對改善成果進行評估。我們在第三步驟已經討論過如何敘述目前行為模式、開發和使用評估標準來進行衡量，各位對於應該如何開頭已經有了相當的認識。如果忽略這個步驟，不對起初的表現加以衡量，那麼評估成果的機會很可能會跟著喪失。

當然各位也應該知道，變革的過程需要很長的時間，改善的成果往往要很久以後才會顯現出來，各位可能甚至無法判斷這些領域獲得改善是否為標竿學習專案的成果。不過標竿學習的確有一些可以判斷的指標。以政府機構的案例來說，他們的能力目標已經和營運規劃進行整合，他們的員工也明白機構中具備暢通的管道可以協助他們的個人發展規劃與事業生涯。結果這家政府機構發現新進員工留任的時間多了一年，標竿學習很可能就是其主要功臣。

二、評估學習的過程

標竿學習另外一項目標在於提倡學習與提升對於業務的認識，這也是需要檢驗的部分。我們從過去的經驗發現，檢討所屬公司的知識發展過程有助於加強學習效果。在第四個步驟中，我們提到標竿學習的夥伴——也就是所謂的「良好典範」，也能夠從比較的過程中獲益良多。透過解釋和敘述他們做些什麼以及怎麼做的過程中，他們更能夠加強自己業已具備的知識或經驗。檢討的工作也能夠讓人們有機會想想看如何把這些新知應用到未來的作業上。

在檢討學習過程的時候，以下有三大原則值得考慮：

- 增加知識與提升對業務的認識
- 提升知識並利用新學習方式的能力
- 人們有機會把自己的能力應用在自己的專業範疇上

三、評估專案

進行標竿學習專案計劃是個非常複雜的工程，這不但需要相關人員的普遍參與，而且還要達到兩大目標：提升機構或企業的效率，以及發展員工的長才和學習的能力。因此評估專案跟專案組織的表現是個不能忽視的步驟，譬如「專案小組的組合是否正確?」「這些專案小組成員和目標團體其他成員溝通的效果如何?」「控制團隊是否處理得宜?」「是否在預定時間之內達成目標?」「成果是否符合原先的預期?」

最重要的是，這樣的討論必須是在專案小組內部進行。專案小組當初設定的遊戲規則也應該加以檢討。讓我們再強調一次，檢討這項工作非常重要。不過，控制團隊的代表及並未積極參與專案進行的同儕，也應該有機會針對專案進行的表現與未來應該如何改進等議題發表意見。

四、發展能供學習及持續改進的架構

標竿學習專案的經驗對於公司而言，無非是一種利用良好典範來自我提升並改善問題的工具。各位可以好好想想看未來應該如何利用這項工具，以及如何持續鼓勵公司向他人的經驗借鏡、學習。當然，你們也可以為其他作業領域規劃更多的標竿學習專案。不過除此之外還有其他的機會，你們可以設立論壇讓員工有機會彼此學習，或鼓勵員工在面臨困難的時候(不管問題是大是小)，應該找機會向他人學習經驗或知識。你們可以利用各個部門或單位之間的比較來作為掌控的工具，或設立「本週模範」、「本月模範」之類的獎勵模式。

這樣的例子有很多，不過重點在於讓員工有機會發揮他們從標竿學習專案所吸取的經驗，並且為公司的長期學習態度立下穩固的基礎：某處、某人能夠把這件事情做得比我們好，讓我們找出這類公司或人物，並且向他們效法！

各位是否準備繼續努力，並且能夠在別的狀況下向「良好典範」借鏡？

- 對於專案成果具有衡量和檢討的方法。
- 專案小組已對學習過程進行評估。
- 已與控制團隊以及目標團隊合力針對專案進行檢討。
- 具備日後可向「良好典範」借鏡的既有架構。

我們將應用標竿學習的方法告訴各位讀者，讓大家更加明白可以如何實際利用「良好典範」的經驗和知識來提升所屬公司的效率和發展。希望各位受到本書的啟發之後，都能夠重視自己能力之外的知識和經驗，同時也希望本書讓各位獲得一些所需的方法和工具。不過在此還是要提醒各位，標竿學習這套方法雖然表面上看起來很簡單，但是卻需要投入很大的心力和知識才能夠成功。不過如果各位已經了解這點，那麼前景必然十分光明。祝各位好運！

結語

親愛的讀者：

現在各位看完本書，想必對於標竿學習有了全新的見解，並且更加了解標竿學習的方法和工具，可以實際應用在學習和改善問題上。為了讓各位讀者輕鬆吸收本書的內容，我們特地把本書寫得非常精簡，並且把重點集中在重要的相關議題上，以免模糊焦點，或讓讀者迷失在茫茫的文字海中，真正有價值的內容反而遭到忽略。本書有三大重點：

1. 所有企業發展中的人性要素都變得越來越重要。
2. 現有的知識形成理論（學習）。
3. 和標竿學習應用有關的案例經驗和方法討論。

佛德列克・泰勒的學說在二十世紀初葉備受各界的重視，但是沒有多久就逐漸遭到冷落。他這套理論崛起的時候，廣大的工作人口大多是從事勞力的工作。但是隨著時代不斷演進，這樣的勞力工作已經逐漸被機器、自動化生產所取代。現在這個時代是以智慧資產和知識管理為主流。馬克思曾經說過，「工人掌握資產」，我們現在可以說他的這個夢想已經實現，只不過我們講的是智慧資產。

二十世紀初葉的工業時代仍多以勞動階級為主，只有少數人是以智慧資產來討生活。隨著時代的逐漸演進，人們對於刺激學習、見解和知識形成的需求開始大幅躍升，換句話說，也就是以有效率的方法來提升人類的發展，而這些知識的提升對於員工和雇主都是非常重要的。不管是民間企業還是政府部門，體系的組織程度越來越高，他們所面臨的競爭壓力也隨之攀升。現在光是整體運作有效率是不夠的，各位還得能夠應付公司在計劃式經濟環境下運作的各個單位（這些單位所生產的勞務或產品是提供同公司的不同單位或該所屬公司使用，使用者並沒有向外購買的選擇）。

「良好典範」的指引力量為這樣的計劃式經濟體系點亮了一盞明燈，對於缺乏競爭能力的公司而言，「良好的典範」可以作為競爭對象的代替品，從而提升公司的營運效率。

「良好典範」能夠產生創造力的張力，讓你看清楚目前所在位置跟你知道自己可以達到的境界之間的差距，從而提升渴望程度，而這正是激勵學習慾望的主要關鍵力量。而效率也能夠因此獲得提升，也就是用處（品質）和成本的比率獲得改善。

從知識理論的角度來看，「良好的典範」是個絕佳的平衡工具，對於成人學習特別有效。和別的公司或機構進行比較可以達到以下三個主要的目的：

1. 作為監督效率的方式，也就是為「你怎麼知道自己的作業有效率?」這樣的問題找到解答。
2. 激勵成長、發展的動力，如果你知道某地、某人已經走過你想要走的道路，那麼向這些人或公司請益，並且從他們的經驗中獲得啟發，倒是一個很聰明的點子。
3. 作為影響人們態度的方法，也就是影響人們不斷追求新知與學習新事務的意願。

標竿學習主要的目標在於影響公司員工的態度，瓦解他們自傲的心態，向別人虛心求教，並且帶領公司邁向成功的坦途。在高度競爭的環境中，要是不小心，競爭對手早晚會跑到你的前頭。唯有不斷的學習才是在這種高度競爭的世界中生存的唯一法則。

此外，標竿學習並非從教育研究的框架中所發展出來的，而是自成一格的創新。本書作者群之一的克特·倫德格蘭 (Kurt Lundgren) 根據標竿學習作了很詳細的研究，將標竿學習和目前現有的知識形成跟學習理論互相比較，發現學習理論與標竿學習基本原則之間有許多不謀而合之處，諸如接收者能力（先前的相關知識基礎）、隱性知識的利用，以及從他人經驗中學習等等都是如此。

標竿學習討論到最後，我們還是要強調這個重點。許多人沒有了解到凡事自己從頭開始研究、不顧其他人的寶貴經驗是多麼不智的行為。有些創業家具備破壞性的特質，希望什麼事情都自己來。這也是為什麼心態會如此重要，人們必須體認到向他人的經驗借鏡才是聰明的做法。

透過向別的機構或公司的經驗借鏡，比較自己和對方的異同，這樣也能夠盡量發揮、驅動「良好典範」指引的力量。對於發展計劃中會向典範借鏡的公司而言，事實證明這樣的做法的確特別重要。讓我們再看一次「舉證責任」的相關說明：

一般來說，有心要改變現狀的人往往必須向他人證明為什麼這些事情需要加以改變。不過透過標竿良好典範的應用，人們可以把舉證責任轉移到對方身上，讓他們去證明為什麼這些事情「不應該」加以改變！

這樣強而有力的立論會讓抱持反對意見的人啞口無言，無法反駁改革的必要。

最後我們要強調標竿學習能夠創造三贏的局面，也就是員工、雇主以及客戶都能夠蒙受其利。員工能夠更成功的執行公司分派的任務，而且團隊和個人都能夠獲得自我提升的機會。客戶則能夠獲得更好的價值，也就是他們所付價格和所獲得的品質之間的關係更加令人

滿意，這是因為企業的效率越來越高，知道應該如何以低成本生產出高價值的商品。至於雇主（或是擁有者）則因為其競爭力提升而受惠，他們的企業不但生產量提升，而且像是獲利能力、市場占有率、客戶滿意程度以及成員的擴充等等，這些攸關於成功與否的指標也都有了非常明顯的改善。

各位要知道的是，你們用不著逼迫員工有效率的工作，在標竿學習的激勵之下，他們會對知識和學習存有高度的渴望，並且從學習中受到啟發，結果自然能夠提升工作效率，譬如團隊工作以及不斷向上提升也都是標竿學習的成果。

標竿學習最令人佩服的一點是，這套辦法幾乎適用於所有的狀況。「良好典範」的指引作用可說是無遠弗屆，我們至今還沒有碰過「良好典範」的指引力量派不上用處的情況。我們也承認，有些案例的進行的確比其他案例要困難許多，但是只要下定決心，而且具備正確的心態，那麼一定能夠找到適合的標竿學習夥伴，並從他們的經驗和知識中獲得啟發，從而改善問題並避免犯錯。想要向上提升和改善問題的意願是進行標竿學習的最基本的要素。

標竿學習這套辦法是起源於歐洲及瑞典，各位讀者如果有相關的經驗、見解和新的發現，非常歡迎提出來和我們討論，希望藉此能夠讓標竿學習更趨完善。

參考書目

Argyris, C., *On Organizational Learning*, Blackwell Publisher, Cambridge, MA, 1992.

Arrow, K., "The Economic Implications of Learning by Doing", *Review of Economic Studies* 29, 2, pp. 155–173, 1962.

Cohen, W. M. and D. A. Levinthal, "Absorptive Capacity: A New Perspective on Learning and Innovation", *Administrative Science Quarterly* 35, 1990.

Cyert, R. M. and J. G. March, *A Behavioral Theory of the Firm*, Blackwell Publisher, Cambridge, MA, 1992.

Dixon, N., *Common Knowledge: How Companies Thrive by Sharing What They Know*, Harvard Business School Press, 2000.

Fiske, S. T. and S. E. Taylor, *Social Cognition*, McGraw-Hill Inc., New York, 1991.

Garvin, D. A., "Building a Learning Organization", *Harvard Business Review*, 1993.

Hamrefors, S., *Spontaneous Environmental Scanning; Putting "putting into perspective" into Perspective*, Stockholm School of Economics, Stockholm, 1999.

Horii, D., "Fair Process: Managing in the Knowledge Economy", *Harvard Business Review*, 1997.

Karlöf, B. and S. Östblom, *Benchmarking—A Signpost to Excellence in Productivity and Quality*, John Wiley & Sons, London, 1993.

Karlöf, B., *Going for Excellence—Achieving Results through Efficiency*, The Institute of Chartered Accountant in England and Wales, 1998.

Kline, S. and N. Rosenberg, "An Overview of Innovation", in Landau, R. (Ed.), *The Positive Sum Strategy*, National Academy Press, Washington, 1986.

Kohn, M. L. and C. Schooler, *Work and Personality—An Inquiry into the Impact of Social Stratification*, N.J. Ablex Publishing Corporation, Norwood, 1983.

Koike, K., "Intellectual Skills and the Role of Employees as Constituent Members of Large Firms in Contemporary Japan", in M. Akoi, B. Gustafsson, and O. E. Williamson, *The Firm as a Nexus of Treaties*, SAGE Publications Ltd., London, 1990.

Kolb, D., "The Process of Experiential Learning", in Thorpe & et al. (Ed.), *Culture and Processes of Adult Learning*, Routledge, 1993.

Lundgren, K., "Why in Sweden? An Analysis of the Development of the Large Swedish International Firms from a Learning Perspective", *Scandinavian Economic History Review 2*, 1995.

Nonaka, I. and H. Taakeuchi, *The Knowledge-Creating Company: How Japanese Companies Create the Dynamics of Innovation*, Oxford University Press, New York, 1995.

Polanyi, M., *Personal Knowledge: Towards a Post-Critical Philosophy*, Harper Torchbooks, New York, 1962.

Senge, P. M., *The Fifth Discipline—The Art and Practice of the Learning Organization*, Currency Doubleday, USA, 1993

Senge, P. M., A. Kleiner, C. Roberts, R. B. Ross, G. Roth, and B. J. Smith, *The Fifth Discipline Fieldbook*, Currency Doubleday, USA, 1994.

Senge, P. M., A. Kleiner, C. Roberts, R. B. Ross, G. Roth, B. J. Smith, *Dance with Change*, Currency Doubleday, USA, 1999.

Tibballs, G., *Business Blunders*, Robinson, London, 1999.

Tuchman, B. W., *The March of Folly: From Troy to Vietnam*, Michael Joseph, London, 1984.

Meredith, R. B., *Team Roles at Work*, Butterworth-Heinemann, 1993.

William, I., *Dialogue and the Art of Thinking Together: A Pioneering Approach to Communication in Business and in Life*, Bantam Doubleday Dell Publishing Group, 1999.

人力資源管理──臺灣、日本、韓國

佐護譽／原著　蘇進安、林有志／譯

本書以歷史上、文化上素有深厚關連的臺灣、日本和韓國間，人力管理之主要問題為主，探討各國的特性。人力資源研究應透過國際間比較來進行，先將類似的、相異的，以及共通的要點分析出來，並將導致的主因甚至背景加以清楚說明。對亞洲各國與歐美的國際性比較研究，已有許多成果，但亞洲各國間的國際性比較研究卻幾乎未見，本書為彌補此一研究空檔的最佳指引。

衍生性金融商品入門──以日本市場為例

三宅輝幸／著　林炳奇／譯　李麗／審閱

在邁向金融自由化的時代，衍生性金融商品無疑是一顆閃亮的巨星；然而在霸菱事件之後，衍生性金融商品卻給人們投機、艱深難懂、難以捉摸的印象。本書以日本市場為例，運用淺顯的文字及簡單豐富的圖表輔助，說明其基本原理與發展，為初學者的入門教材、實務者的應用寶典。衍生性金融商品究竟是金融界的救世主？還是市場的妖孽？本書將給我們正確且完整的思考。

亞當史密斯與嚴復──《國富論》與中國

賴建誠／著

本書是透過嚴復譯案亞當史密斯的《原富》(或譯為《國富論》)，來瞭解西洋經濟學說在中文辭彙與概念不足的情況下，以何種詞語和「思想方式」傳入，並從追求富強的角度，來看這本以提倡「自由放任」、「反重商主義」、「最小政府」為主旨的著作，對清末的知識界和積弱的經濟，產生了哪些影響與作用。不論從中國經濟學史或思想史的角度來看，都有顯著的意義。

國家圖書館出版品預行編目資料

標竿學習:向企業典範取經 / Bengt Karlöf, Kurt Lundgren, Marie Edenfeldt Froment著; 胡瑋珊譯.－－初版一刷.－－臺北市; 三民, 2002
面; 公分
參考書目: 面
譯自: Benchlearning:good examples as a lever for development
ISBN 957-14-3679-8 (平裝)
1.學習型組織 2.知識管理

494.2 91017517

網路書店位址 http://www.sanmin.com.tw

© 標竿學習
——向企業典範取經

著作人 Bengt Karlöf Kurt Lundgren
Marie Edenfeldt Froment
譯　者 胡瑋珊
發行人 劉振強
著作財產權人 三民書局股份有限公司
臺北市復興北路三八六號
發行所 三民書局股份有限公司
地址／臺北市復興北路三八六號
電話／二五〇〇六六〇〇
郵撥／〇〇〇九九九八——五號
印刷所 三民書局股份有限公司
門市部 復北店／臺北市復興北路三八六號
重南店／臺北市重慶南路一段六十一號
初版一刷 西元二〇〇二年十月
編　號 S 49332
基本定價 參元伍角
行政院新聞局登記證局版臺業字第〇二〇〇號

ISBN 957-14-3679-8 (平裝)